あおもり まち野草

文と写真　村上義千代

東奥日報社

発刊にあたって

東奥日報社
代表取締役社長・主筆
塩越　隆雄

全国的な山野草ブームが続いています。豊かな自然が身近にある青森県では、なおのこと山野草を愛する人たちが多いこととおもいます。

しかし残念なことに、最も身近な市街地の野草には目が向けられないできました。その理由として、あまりにも日常的な場所に生えているので、ひとくくりで雑草とみなされてきたこと、植物の見分けが難しいことなどが挙げられます。

とはいっても、山野草と同じように市街地の植物も名のある植物。なんとか市街地の植物を知ってもらうことはできないものか。こうして始まったのが、東奥日報夕刊に連載した「あおもり　まち野草」でした。連載は２０１５年４月７日から２０１９年３月26日まで２００回続きました。

幸い、読者から好評で連載中、数々の励ましの手紙・はがきをいただきました。併せて「本にできないか」との要望も多数寄せられました。そこで、新聞連載で紹介した野草２００種類と、連載に掲載できなかった１０９種類を合わせた、３０９種類を収録した本を出版することといたしました。おそらく、ふだん市街地で目にするほとんどの野草が掲載されている、とおもいます。

本の内容は、単に植物の紹介で終わることなく、その植物がどこから来て、どんな理由でそこに生えているのかについて考察。併せて、なぜその名がついたのか、人々とどんなかかわりを持ってきたのかについても掘り下げました。これらから、名も無い市街地の雑草とおもわれてきた植物それぞれに、〝物語〟があることを浮き彫りにしました。

本書により、市街地の野草や自然・環境に興味を持っていただければ、望外の喜びです。また、ウオーキングに励まれている方は、道端の植物を知ることで、さらにウオーキングが楽しいものになるでしょう。

最後に、植物の名を判定してくださった津軽植物の会の木村啓会長に厚く御礼を申し上げます。

本書は、東奥日報創刊１３０周年記念事業の一環として発刊されます。これまでの東奥日報ご愛読に感謝するとともに、これからも末永いおつきあいをお願い申し上げます。

魅力いっぱい　注目の書

津軽植物の会会長
木村　啓

村上義千代さんの「あおもり　まち野草」の夕刊連載が200回で終了し、残念に思っていたところ、新しく109回分を加え単行本となった。うれしい限りである。

本書の内容は、読者を惹きつけてしまう魅力をいくつも備えているので、その一端を紹介し発刊を喜びたい。

一つ目は、なんといっても当該植物を文化誌の面から、魅力いっぱいに紹介していることである。アオモリアザミ（青森薊）の発見経緯と和名由来には、ひとりでに郷土愛が培われてしまう。帰化種のアライトツメクサ（アライト爪草）では、本県が日本最初の記録であることを知り、気持ちが高ぶる。グンバイナズナ（軍配薺）では、植物体内に重金属を多量に蓄積しても平気であるという研究例を挙げて、関心を引きよせている。

二つ目は、新知見や新発見を述べていることである。オオバコ（大葉子）の意味は、葉が大きいことであるが、日常目にしている個体は違っている。それを白神山地奥地で30センチもの巨大葉を目撃し納得している。実は青森県のいくつかの地点に30センチを超えるオオバコ群が自生しているのだ。白神山地奥地という新知見を紹介して、植物相研究者にはうれしい限りだ。コスミレ（小菫）は暖地系の植物で、岩手県北限が植物界の定説である。それを青森市で発見して新記録とした。地域植物研究者には強烈に印象づけられる文章だ。

三つ目は、掲載写真の素晴らしさである。自生植物と一緒に建物や道路や自動車などを写し、加えて花構造をアップで示している。この写真を見ただけで、当該植物の生態と分類位置が分かり安堵する。この先行知識のもとに、本文を読むので理解が一層深まるのだ。

さらに、本書の陰には自然研究者でもある著者の基本姿勢があった。街中植物を309種も取り上げた書物は無い。それは種の同定が難しく、書く内容も無いからだ。それに著者は果敢に挑戦し、600点以上の押し葉標本を作製して検証資料とし、膨大な文献資料に当たり、地域人や研究者とも情報交換を続けた。新元号初頭にふさわしい注目書である。

目次

夏

秋

はじめに

▽本書に掲載されている植物は、著者が作成した押し葉標本をもとに、津軽植物の会の木村啓会長が名を判定しました。

▽本書に掲載されている植物の和名、科名、属名は「植物分類表」（大場秀章編著、２０１１年、アボック社）と「日本維管束植物目録」（米倉浩司著、２０１６年、北隆館）に準拠しました。

▽「まち野草」の取材は、青森市の場合、おおむね国道7号バイパス以北、造道地区以西、石江地区以東の範囲で行いました。八戸市の場合は、内丸、番町地区で、弘前市の場合は紺屋町、百石町、土手町などで、そしてむつ市では小川町で行いました。

▽本書には、明らかに園芸植物、明らかに山野草とみられる植物も含まれています。これらをハナから否定することはせず、なんらかの理由があって市街地に自生しているものと解釈し、「まち野草」に含めることにしました。

▽本書は、東奥日報の毎週火曜日付夕刊に連載された「あおもり　まち野草」（２０１５年4月7日から２０１９年3月26日まで２００回にわたって連載）の記事と、連載に掲載できなかった１０９種類を合わせた３０９種類の「まち野草」を収録しています。本文末尾の日付は、新聞掲載日です。また、末尾に日付が無い記事は、単行本用に書き下ろしたものです。

▽単行本化するにあたり、新聞掲載時の文を大幅に書き直したものがあります。

表紙の植物はホトケノザ、裏表紙はミミナガグサの花

春

セイヨウタンポポ　2015年5月2日　青森市本町

アキタブキ

キク科　フキ属

〈撮影地〉青森市長島　２０１６年４月３日

歩道街路樹の植樹枡に生えるフキノトウ。円写真の右は雄株の花、左は雌株の花

おなじみのフキ。だけど、知られていないことが意外に多い。

まず、名。東北地方中部以南はフキだが、それより北はアキタブキ。フキの亜種がアキタブキで、フキより大きいのが特徴だ。

しかし、フキとアキタブキの分布の境どこなのかは、はっきりしていない。なぜアキタと名づけられたのかも不明。アキタじゃなく、汎用性のある名の方が良かったのでは、とおもうのだが…。

次に、フキノトウが、フキに変身するのではない。フキノトウとフキは地下茎でつながっており、フキノトウは生殖器官、フキは地下茎を含め植物体を成長させる栄養器官という役目を担う。ツクシとスギナの関係と同じだ。

びっくりするのは、みんな同じように見えるフキノトウ（蕗の薹）だが、実は雄株と雌株があることだ。薹が立つ、という言葉のように背を高く伸ばし綿毛の種を飛ばすのは雌株の方だ。

さて、フキの名の由来は、古名の山生《やまふ》吹《ふき》が転じたという説と、用便のあとこの葉で尻を拭いたことからフキ、という説がある。方言のバッケは、アイヌ語が転《てん》訛《か》した名だ。

（２０１７年３月28日）

スギナ

トクサ科　トクサ属

〈撮影地〉青森市長島　2015年4月5日

ツクシとスギナ。多くの人は別々の植物とおもっているようだが、実は地下茎でつながっている。ツクシは胞子茎といい、生殖をつかさどり胞子を飛ばす。一方スギナは栄養茎といい、地下茎を含め植物体を成長させる役割を担う。

アスファルト道の隙間から生えるツクシ。背景は、耐震工事以前の青森県庁

スギナは、杉の葉に似ているから杉菜。ツクシは、「つくづくし」が縮まったというのが定説となっている。源氏物語にも「蕨つくづくし、をかしき籠に入れて」とツクシが登場する。つくづくしの語源は分かっていないが、平安時代の昔から今まで、ツクシはそのかわいさから、人々に親しまれてきたことに変わりはない。江戸川柳に土筆（ツクシ）がいくつか見られることも、好まれてきた証左である。

五所川原市飯詰ではツクシをベベコと呼んでいる。ベベコは、幼女の着物べべに津軽弁のコをつけたもので、小さくてかわいいことをツクシに重ね合わせた。同地区出身の木村助男は方言詩「土筆（ベベコ）」を残し1992年、この詩碑が同地区に建立された。

ツクシは食材として昔から広く知られる。が、わたくしが初めてツクシを食べたのは2014年2月上旬、佐賀市の居酒屋でだった。青森県内がまだ雪で覆われていたころ、「初物ですよ」と出されたツクシのおひたしは、クセのないさっぱりした味だった。

（2016年3月1日）

ミチタネツケバナ

アブラナ科　タネツケバナ属

〈撮影地〉青森市長島　２０１５年４月４日

おそらくは、春の市街地で一番多く見られる野草ではないか、とおもう。アスファルトやコンクリートの隙間、道端、空地、軒下、緑地、街路樹の根元、花壇、庭…きりがない。まったくあきれるくらい多く生えている。

青い森公園の土留め石垣の隙間から生えるミチタネツケバナ。円写真は花

　長らくタネツケバナとおもわれてきたが、１９９０年代になってから「ん？違うみたいだな」と研究者が気づき、過去の標本などを調べた結果、ヨーロッパ原産の帰化植物と分かり、ミチタネツケバナと名づけられた。

　そのときすでに、分布は全国に広まっていた。ちなみに、日本での初記録は１９７０年代に鳥取県で採集されたもの、という。

　青森県内でも侵入に気付いたのは最近だ。「それは２０００年前後のこと。以前から分布していたんだろうが、研究者は気にとめていなかったんだ。気づいたら、至る所に生えているではないか。本当に驚いたよ」。津軽植物の会の木村啓会長は、苦笑いをしながらふり返る。

　名は、道に生えるタネツケバナという意味。牧野日本植物図鑑（１９４０年）はタネツケバナについて「種漬花ハ苗代ヲ作ル直前ニ米ノ籾ヲ水ニ漬ス時分ニ盛ンニ花サク故名ク」と説明。稲作由来の植物名なのである。

（２０１５年５月26日）

タネツケバナ

アブラナ科　タネツケバナ属
〈撮影地〉青森市中央　2017年4月29日

稲作は、塩水選で良い種子を選別したあと、種子をいったん乾燥させてから、発芽を促進させるため水に浸す。この、種子を水に漬ける作業を行うころ、盛んに花を咲かせることからタネツケバナ（種漬花）の名がついた。

早春に咲く花はタネツケバナに限らない。何種類もあるのに、なぜこの植物だけにタネツケの名が与えられたのだろうか。それは、この植物が田起こし前の水田にしばしば群生することで、稲作との関連性が命名者に強くイメージされたからだと、個人的におもっている。

水田、あぜ、水路際など湿った場所に生える、と各種図鑑類に書かれているが、青森市の市街地を歩いてみると、乾燥した道端や空き地にも見られる。中には石垣の隙間から生えているものもあり、日本在来種ではあるが、けっこうたくましい。

青森市の市街地では春先、乾燥した場所を好む帰化植物のミチタネツケバナがまず、道端、空き地、緑地などあちこちで花を咲かせる。それが一段落したあと、タネツケバナの出番となる。

国道4号沿いの、石垣の隙間から生えるタネツケバナ。円写真は花

両者はよく似ているが、棒状の果実の付き方で見分けられる。人間の両腕をまっすぐ上に伸ばす感じで果実が付くのがミチ…。両腕を肘の部分ですこし曲げて上に伸ばすのがタネツケバナだ。

（2018年4月24日）

ナズナ

別名・ペンペングサ　アブラナ科　ナズナ属
〈撮影地〉青森市橋本　２０１５年４月29日

セリ、ナズナ、ゴギョウ、ハコベラ…春の七草の一つとして、昔から広く知られる。が、若い人たちにナズナと言ってもぴんとこない。そんな若い人たちでも、ペンペン草と聞けば、知っている人がいるかもしれない。

ペンペン草はナズナの俗称。実を三味線の撥《ばち》に見立て、三味線の音色からこの名がついた。空き地でも、道端でも、どこでも生えている。それだけ身近な植物。

身近ゆえ「○○が通った後にはペンペン草も生えない」という慣用表現に使われている。

しかし、ナズナの由来となると諸説あり、はっきりしていない。それでも近年になって、朝鮮半島でこの植物をｎａｚｉと言っていることから、これが語源ではないだろうか、という説が有力になっている（新牧野日本植物図鑑、２００８年）。さらに、同地ではナズナの若葉を粥《かゆ》に入れて食べる習慣が古くからあるそうで、日本の七草粥と同じである。

ナズナは、子どものときのわたくしのおもちゃだった。たくさんある実の柄を、取れない程度に引っ張り下げてから、竹とんぼを回すように両手で茎を回す。すると、実と実がぶつかり合ってシャラシャラ音がする。これが楽しくて何度もやったものだった。

（２０１６年４月26日）

国道４号脇の、がれきの間から生えるナズナ。ぺんぺん草という名でおなじみの植物だ。円写真は花と実

シロイヌナズナ

アブラナ科　シロイヌナズナ属
〈撮影地〉青森市新町　2015年4月12日

官公庁前の芝緑地に群落をつくるシロイヌナズナ。青い海公園の歩道ブロックの隙間にも多い。円写真は花

青森市新町の官庁街。緑地の一角をシロイヌナズナが占め、群落が風に揺れると、遠目には煙のように見える。春、街路樹の根元、空き地、緑地などでよく見られる植物だ。

本種は普通種だが2000年、世界で初めてゲノム（すべての遺伝情報）全体が解読された植物として、世界中から注目を集めた。解読は1996年から日欧米の研究機関のプロジェクトが行い、日本からは、公益財団法人かずさDNA研究所（千葉県）が参加した。

シロイヌナズナは在来種もあるが、市街地で通常見られるものは、ユーラシア～北アフリカ原産で日本に帰化した系統、とされている。

青森県内に侵入した時期は定かではないが、植物研究者たちがその存在に気付いたのは2000年ごろ。以後、あちこちで見られるようになった。

シロイヌナズナは、ライフサイクルが短いことやDNAが単純なことから、実験植物によく使われており、弘前大学でも本種を使っての研究を行っている。

（2015年5月12日）

【備考】シロイヌナズナは、作家三浦しをんが2018年に出版した「愛なき世界」の中で、重要な位置づけに使われている。

セイヨウタンポポ

キク科　タンポポ属
〈撮影地〉青森市本町　2015年4月12日

春。里山はもちろん、市街地でもタンポポは一斉に咲き誇る。空き地はもとより、アスファルトやコンクリート道路の隙間でも。鮮やかな黄色は人々に、夢や希望を感じさせる。はつらつとした命の輝きを感じさせる。

が、そのほとんどはヨーロッパ原産の帰化植物セイヨウタンポポである。明治時代の初めに北海道に入り、あっという間に日本在来のタンポポと置き換わった。青森県では在来のエゾタンポポがセイヨウタンポポに換わった。

なぜ、急激に置き換わったのか。最大の理由は繁殖方法にある。在来種は授粉しないと実を結ばないが、セイヨウタンポポは単為生殖。つまり、授粉しなくても実をつけ、風に乗せて種を飛ばす。爆発的に増えたのも道理だ。人間が在来種の好む環境を開発した結果、そこが不幸にも外来種が好む環境だったことも大きい。

タンポポの名の由来は諸説あるが、分かっていない。ただ「植物和名の語源」（深津正）は、少なくとも室町時代にすでにあった名だ、としている。

英語名はダンデライオン。松任谷由実、BUMP OF CHICKENをはじめ多くのアーティストがダンデライオンを題にした曲を出している。創作意欲をかきたてる花なのだろう。

（2016年3月22日）

アスファルト歩道の隙間から生える。円写真はつぼみ。総苞《ほう》片が反り返っているのがセイヨウタンポポの特徴

アカミタンポポ

別名・キレハアカミタンポポ　キク科　タンポポ属
〈撮影地〉青森市安方　2017年5月3日

日本在来のタンポポが、帰化植物のセイヨウタンポポにより、ほとんど駆逐されてしまったことはよく知られている。人間が都市開発や農地開発などで在来タンポポの生育環境を奪い、そこにセイヨウタンポポが入り込んだ、といった方が正確かもしれない。

が、今度は大都市で、セイヨウタンポポが帰化植物のアカミタンポポ（別名キレハアカミタンポポ）によって置き換えられようとしている。

青い海公園のブロックの隙間に生えるアカミタンポポ。円写真は、右がアカミ…の種子、左はセイヨウ…の種子。色が明らかに違う

ヨーロッパ原産のセイヨウタンポポが日本に入ってきたのは明治時代の初め。アカミタンポポもヨーロッパ原産で、こちらは、ほぼ50年遅れて1918（大正7）年、北海道で確認された。

その後、セイヨウもアカミも同じ場所で見られるようになり、セイヨウが優勢のまま推移してきた。その均衡がなぜ破れ、大都市でアカミが優勢になりつつあるのか。そのメカニズムは分かっていないが、興味深い事実だ。

出張の折、東京・築地一帯のタンポポを観察してみたら、ほとんどがアカミだった。青森市街地では、まだセイヨウが優勢だ。両者の決定的な見分け方は、アカミの種子が濃い赤褐色で、セイヨウのそれは薄い茶褐色であること。名のアカミは「赤い実」に由来する。

（2018年4月10日）

タチイヌノフグリ

オオバコ科　クワガタソウ属
〈撮影地〉青森市桂木　２０１４年５月３日

なんとも気の毒な名をつけられたものだ。茎が立っているから「タチ」、果実を犬の陰嚢《いんのう》に見立て「イヌノフグリ」。この果実を逆さまにした姿に、雄犬の後ろから見た陰嚢を連想したのが命名の由来。しかしわたくしには、陰嚢よりはハート形に見えるのだが…。

　名に似つかわしくない、小さなかわいい花を付ける。見過ごしてしまうほどの小ささ。改名してあげた方がいい、とおもう。

コンクリート壁とアスファルト道の隙間に群落をつくるタチイヌノフグリ。円写真は花と果実

　が、かれんさとは裏腹に、なかなかの繁殖力をもっている。ヨーロッパ原産で、日本では明治初期の１８７０年ごろ東京で確認され、急速に全国に分布を広げた。青森県内でも春先から秋まで、道端、空き地、街路樹の根元、庭、芝地などいたるところで見られ、コンクリートやアスファルトの隙間にも平気で生える。

　拙宅の敷地はあまり手を加えず、野草が生えるのに任せている。数年前、タチイヌノフグリが初めて姿を見せた。以来、庭の常連となり、毎年春になればコバルトブルーの花を咲かせている。

　花びらが４枚のように見えるが、実はアサガオと同じ合弁花。雄しべが２本と少ないのが特徴だ。

（２０１５年４月14日）

オオイヌノフグリ

オオバコ科　クワガタソウ属
〈撮影地〉青森市本町　2015年4月29日

青い瞳をおもわせる超絶かわいい花。人気投票をすれば、たぶん上位間違いなしの野草だ。が、問題はその名。ふぐりとは陰嚢《いんのう》のこと。実の形を、こともあろうに犬の陰嚢に見立てた。江戸時代中期の植物図鑑に既に、イヌノフグリ（日本在来種）の名が見られる。当時の学者の発想のすごさに、あきれる。

女性が参加する山野草観察会では講師泣かせ。女性は名を口に出せない。かわいそうなこの植物の改名を求める声は多い。植物の有力学会誌上で、改名に向けての熱い議論を強く強く期待したい。

西アジア・中近東原産の帰化植物。日本では1880年ごろ東京で見つかり、短期間のうちに全国に広まった。

イヌノフグリは春の季語でもある。高浜虚子は1944（昭和19）年3月、神奈川県鎌倉市の次女宅で開かれた句会で「犬のふぐり星のまたたく如くなり」と詠んだ。虚子編新歳時記によると、犬のふぐりはオオイヌノフグリのことで間違いない。虚子の句は、この植物を見事に表現している。

青森県内ではリンゴ園や里山に多い。市街地の公園でも見られ、かわいい顔をしていても、案外したたか。やっぱり帰化植物だ。こんなところに地金が出る。

（2016年3月15日）

都市公園で群落をつくっているオオイヌノフグリ。円写真は花と、名の由来となった果実

コテングクワガタ

オオバコ科　クワガタソウ属

〈撮影地〉青森市浜田　2014年5月13日

歩道の緑地帯に群落をつくっているコテングクワガタ。円写真は花。花は直径5ミリと小さい

この名を目にしたおおかたの人は、昆虫のクワガタムシをおもい浮かべるだろう。

なぜ、植物にクワガタという名がつけられたのだろう。新牧野日本植物図鑑（2008年）は、同じ仲間のクワガタソウの項で、以下のように説明している。

「果実が細いがくで包まれているようすが、かぶとの鍬形《くわがた》に似るのでクワガタソウ」。この説明だけでは分かりにくい。実が〝折り紙兜《かぶと》〟そっくりの形をしている、といえば分かってもらえるかも。

兜の前に付いている逆八の字形の前立てを鍬形という。これをヒントにクワガタソウという名がついた。もっとも、コテングクワガタの実は〝折り紙兜〟とは違う形をしている。

ヨーロッパ原産。第二次世界大戦前に北海道に入ったとされ、現在は北海道や本州中北部の芝地などで見られる。

花は5ミリにも満たない小ささ。腹ばいになって撮影していたら声をかけられた。「何しているの？」「花の撮影です」。その人はこう言った。「草が伸びてきたな。刈らなきゃ」。数日後、きれいさっぱり刈られていた。

が、コテングクワガタは翌年、同じ場所に生えてきた。

（2016年5月17日）

ツタバウンラン

オオバコ科　ツタバウンラン属
〈撮影地〉青森市中央　2015年5月24日

行きつけの居酒屋の向かいにラーメン屋があったが、いつのころからか店をたたみ、空き家になった。そして、いつのころからか、入り口の前のコンクリート一面に、ツタバウンランが勢力を広げていた。

春から雪が降るまで花を咲かせる。おそらくはコハコベに次いで、青森市街地で年間を通し長い間花が見られる野草だとおもう。

生えている場所がユニークだ。コンクリートやアスファルトの割れ目、塀の際、石垣の隙間など、一見恵まれない環境に好んで生える。土の上などもっと居心地がいい所があるのでは、とおもうが、そんな場所では丈の高い植物が生え、ツタバウンランにとっては十分な光が得られないから嫌うのだろう。

地中海原産。日本には1912（大正元）年、ロックガーデン用の園芸品種として入り、やがて野生化した。

漢字で書くと蔦葉海蘭。蔦の葉に似ているからツタバ。花の姿が海蘭に似ているからウンラン。ウンランはランではないが、海辺に生えるきれいな花ということで、この名がついたとみられる。

写真のツタバウンランの群落はこのあと一度刈られた。しかし、再び勢力を広げた。しぶとい。

（2016年12月6日）

空き店舗のコンクリート一面に群落をつくるツタバウンラン。円写真は花と葉。葉を蔦の葉に見立て命名された

スミレ

スミレ科　スミレ属

〈撮影地〉青森市桂木　2015年4月29日

住宅地のアスファルト歩道から生えるスミレ

驚いた。住宅地のアスファルト歩道からスミレが生えていたのだ。見た目では割れ目が見当たらない。よほど小さな割れ目から生えているのだろう。なぜここに？　断定はできないが、この珍事にアリがかかわっている可能性がある。

スミレ類の種子のへたにエライオソームという脂肪酸、アミノ酸、糖分を含む物質が付いており、これがアリの好物。この物質に誘われたアリが餌として種子をくわえて持ち帰り、エライオソームだけを食べて、不要になった種子を捨てる。捨てられた場所がたまたまアスファルトの歩道だった、という推理だ。

こうしてスミレの種子は、遠くに運ばれ、分布を広げる。巧妙な戦略である。

牧野日本植物図鑑はスミレの語源について「名ハすみいれノ略ニシテ其花形大工ノ用ウル墨壺ニ似タル故云フナリ」と記し、これがきっかけとなり広く流布している。つまり、花が、大工さんが材木に線を引くときに使う墨入れ（墨斗ともいう）に似ていることから、すみいれ→すみれ、に転訛《てんか》したという説だ。

しかしこの説には疑問がある。正倉院に収められている昔の墨入れは直線的でスミレの花に似ていないこと、さらに万葉集でスミレは須美禮と表記されており、墨入れとは関係ないことなどが、その理由だ。

コスミレ

スミレ科　スミレ属
〈撮影地〉青森市新町　2016年4月17日

まさか、とおもう場所にスミレを見つけた。青森市柳町通りの車道と中央分離帯の境の隙間。10数株の小群落をつくっていた。

中央分離帯に腹ばいになり撮影していたら、カメラのファインダーの中に、車がとまったのが見え、男性2人がこちらに向かって走ってきた。「県警の機動捜査隊です。何しているんですか?」。職務質問である。わたくしが、ひき逃げ被害者に見えたのか、それとも不審者に見えたのか。事情を説明し、納得してもらったが、冷や汗をかいた。

採集し、津軽植物の会の木村啓会長に見てもらったらコスミレ（小菫）とのこと。岩手県盛岡市以南の本州、四国、九州に分布。北海道函館市でも確認されているが、青森県は分布の空白地帯だった。青森県内で、コスミレが実物を通して確実に判定されたのは、これが初めてだ、という。

日当たりの良い里山、路傍などに生える暖地系のスミレで、西日本に多い。

木村会長は「温暖化が進んだので、以前から運ばれていた種子が発芽したのではないか」と大胆に推察している。

青森市の年平均気温を調べてみたら、青森地方気象台が観測を始めた1886年から1988年までの約100年はほとんどが9度台だったが、1989年からは10～11度台に上がっている。これが、コスミレの発芽に影響を与えたのだろうか。興味深いことだ。

（2017年2月28日）

アスファルト車道と中央分離帯の境の隙間に根付き、花を咲かせるコスミレ

アリアケスミレ

スミレ科　スミレ属
〈撮影地〉青森市桂木　2015年4月30日

2014年の5月上旬。空き家になっている、弘前市紺屋町の実家の様子を見に行って、目を見張った。庭一面に白っぽいスミレが咲いているではないか。陳腐なたとえではあるが、さながら〝白いじゅうたん〟。

それまでは、気づくことがなかった植物だ。母が施設に入り、亡くなったこの3年ほどのうちに、どこから種が飛んできて、あるいはアリが種子を運んできて、大繁殖したのだろうか。非日常的ですらある光景。

アスファルト歩道の隙間に根を張るアリアケスミレ。近年、青森県内で分布を広げている。円写真は花

これがアリアケスミレを知った最初だった。

それから数日後、今度は青森市の住宅街でこのスミレを見つけた。アスファルト歩道の隙間に根を張り小群落をつくっていた。

身近なスミレのようにおもえるが、1970～1980年代の青森県ではほとんど見られず、幻のスミレ、といわれていたほどだった。それがいまでは県内各地で見られる。

もともとは暖地系の植物で、日本では青森県が北限。アジア東南部からオーストラリアまで分布している。青森県で急激に分布を広げていることについて、「気温の微妙な変化が影響しているのだろうか」と植物愛好家たちの話題になっている。

名の「アリアケ」は、花の色を有明の空の色に見立てた、といわれている。有明とは広辞苑によると「月がまだありながら、夜が明けてくること」。

（2015年5月19日）

ヒメスミレ

スミレ科　スミレ属
〈撮影地〉青森市浜田　２０１６年５月９日

スミレに似るが、それより小型なので、ヒメがついた。植物や昆虫の命名では、小ささを表現する言葉としてヒメ（姫）が使われることが多い。

都市公園のアスファルトの隙間から生えるヒメスミレ。踏まれて花が傷ついているのが分かる。円写真は花

「岩手のスミレ」（岩手日報社刊、１９９３年）によると「ヒメスミレの北限は、日本海側は秋田市、太平洋側は仙台市とされていたが近年、盛岡市での自生が確認された」と記述され、青森県は空白地帯になっていた。

青森県内での確認は、木村啓・津軽植物の会会長が２００３年、弘前市運動公園の道端で３００株超の群落を見たのが最初。「群落の規模を考えると、『岩手のスミレ』が刊行された１９９３年以前から自生していたとおもう」と木村さん。その後の自生は弘前市、五所川原市で各１カ所、青森市で３カ所が確認されただけだ。

乾燥した草地や道端、それにアスファルトの隙間などで見かけることが多い。アスファルトの隙間に多いのは、アリが種子を運ぶ結果とみられる。スミレの種子のへたにエライオソームというアリが好む物質がついており、アリが運んだ先でエライオソームを食べ、残りの種子を捨てる。種子はそこから根を張る、というメカニズムだ。

ノジスミレ

スミレ科　スミレ属
〈撮影地〉弘前市紺屋町　2014年5月11日

スミレ類を見ると、春を実感する。里山でも、市街地でも。よく目にするのは、里山ならオオタチツボスミレ、ナガハシスミレ、市街地ならスミレだ。独特な形をしたかわいい花に心ひかれるのかもしれない。

万葉集でスミレ類を詠み込んだ歌がさぞ多いのでは、とおもって調べてみた。が、スミレを詠み込んだ歌は、意外なことに、山部赤人のものを含め4首だけ。スミレは万葉人たちにとって、それほど魅力的な花ではなかったのだろうか。

それはさておき、ノジスミレの名の由来は、道端などに生えるから野路（ノジ）。東アジアの暖かい地域に分布し「岩手のスミレ」（岩手日報社、1993年刊）によると、日本国内の北限は秋田県北、太平洋側では岩手県中部で、青森県は空白地帯となっている。

しかし青森県内では1970年代ごろに初めて見つかり、その後弘前市などで定着している。わたくしは2014年の春、弘前市紺屋町の実家の庭でノジスミレが群落をつくっているのを見ている。

生えていたのは、庭の築山の斜面。母の生前、わたくしは実家を訪れたとき、築山に生えている植物を見るのが楽しみだった。が、そのころノジスミレは生えていなかった。母が亡くなったあと、アリが運んできた種子が根付き、定着したのだろうか。

青森県内では、このスミレを含め、スミレの仲間が75種確認されている。

弘前市紺屋町の実家（現在は無い）に生えるノジスミレ。いつの間にか生えていた

ツボスミレ

別名・ニョイスミレ　スミレ科　スミレ属
〈撮影地〉青森市浜田　2015年5月2日

日当たりの良い緑地帯に生えるツボスミレ。本来は日当たりがあまり良くない場所を好む。円写真は花

低山地の、日当たりがあまり良くない、湿気の多い場所に群生しているのがよく見られる。

里山のイメージが強いスミレのため、青森市の大型商業施設の芝生緑地に花を咲かせているのを見つけたときは、驚いた。里山から土を運んできたとき、種子が一緒に入っていたのだろう。日当たりの良い場所に生えていたため、花茎が本来のようにひょろ長くなく、短いのが印象的だった。

日本在来種。図鑑によって名がまちまちだ。もともとはツボスミレといわれてきたようだが、これに激しく反発したのが、日本植物学の祖・牧野富太郎。「ツボスミレは元来、庭（坪）に生えるスミレの総称なので、一つの種に限った名ではない」とし、しかも壺スミレという誤ったイメージを与えるのは良くない、と主張。中国での名称「如意草」に基づき、ニョイスミレと命名し直した。

如意は僧が仏事で手にする棒のような道具。もともと孫の手として使われ、おもいのまま（如意）かゆい背中を掻《か》けるので如意と呼ばれた、との説がある。それが今では僧の権威の象徴となっている。小さな花をつけたひょろ長い花茎のカーブが、如意を連想させることが如意草の由来だ。

オオタチツボスミレ

スミレ科　スミレ属
〈撮影地〉青森市新町　２０１６年５月８日

マンションの花壇に自生するオオタチツボスミレ。マンションオープン当初から生えていたという

青森県内の里山や低山地で、最も普通に見られるスミレである。いわゆる普通種であるが、市街地に咲いていると、場違いというか新鮮に目に映る。

　青森市新町に建っているマンションの庭に、オオタチツボスミレの群落が毎年見事な花を咲かせる。はて、植えたのだろうか？　そうおもいながら、マンションの管理人さんに聞いてみた。

「植えたんじゃない。最初から生えてきたんです。きれいだから刈らずにいたら、どんどん増えたんです」

　おそらくは、庭をつくったとき里山から土を搬入、その中に本種の種子が混じっていたのだろう。青森市勝田の旧東北本線跡緑地や、同市桂木の都市公園でもこのスミレが見られる。これも種子が土と一緒に運び込まれたものだろう。

　タチツボスミレ（立坪菫）より大型なのでオオがついた。タチツボスミレは、坪庭など身近な場所に生えるからツボ、花が終わったあと茎が立ち上がるのでタチと名づけられた。

　この両種はよく似ているが、タチツボスミレは、距（きょ＝花の後ろの袋状の出っ張り）が紫色であるのに対し、オオタチツボスミレの距は白色。また、オオ…の花は、茎の途中から伸びる花柄に付くが、タチツボ…の花柄は根元から伸びる。

（２０１７年４月18日）

アメリカスミレサイシン

スミレ科　スミレ属
〈撮影地〉八戸市内丸　2018年5月27日

スミレの帰化種が勢力を広げているという情報をどこかで目にした。アメリカスミレサイシンだという。北アメリカ東部～中部原産。園芸用に導入されたが、あちこちで野生化している、とのこと。青森県では2000年ごろから見られるようになり、2003年には五所川原市の狼野長根公園で群落が確認された。

　この数年間、アメリカスミレサイシンを探しながら街を歩いた。青森市栄町の国鉄東北本線跡地に、観賞用に植えられた白花品種の群落を見つけた。国道4号の街路樹植樹枡《ます》では青紫色の点がたくさんある品種が生えていた。いずれも、人為的に植えられたものであることは明らかだった。野生化したものはどこにあるのだろう。探し続け、ついに八戸市内丸の駐車場の片隅で、野生化した群落を見つけた。

　春の里山でよく見られるスミレサイシン（菫細辛）のようにワサビ状の太い塊茎を持ち、アメリカから渡って来たので、この名がつけられた。

　細辛は、カンアオイという植物の仲間のことで、スミレの仲間ではない。なめると非常に辛い、細い根を持つことから細辛と呼ばれた。カンアオイの仲間にウスバサイシンという植物がある。この植物と葉が似ているという理由で、スミレなのにスミレサイシン（スミレに似たサイシン）と名づけられた。スミレサイシンにとっては不本意なことだろう。

（2018年11月20日）

駐車場の片隅で花を咲かせるアメリカスミレサイシン。円写真は花

ミミナグサ

ナデシコ科　ミミナグサ属
〈撮影地〉青森市本町　2016年5月22日

歩道と駐車場の間から生えるミミナグサ。ハコベとよく似ている。円写真は花

図鑑によると、日本在来種のミミナグサは、帰化種のオランダミミナグサに勢力を奪われ、どんどん数を減らしている、という。ともにハコベに似た花を咲かせるナデシコ科の植物。ミミナグサは漢字で書くと耳菜草。「耳」は葉の形をネズミの耳に見立て、若苗は食べられるから「菜」だ。

市街地で観察すると、たしかに圧倒的にオランダミミナグサの方が多い。しかし、ミミナグサが駆逐されてしまったのか、といえば、そうでもない。歩道のアスファルトの隙間など所々に、しぶとく生えている。オランダミミナグサと同じ生育環境。競合して負けても不思議ではないのに、である。

ただ、開花期がすこし違う。青森市の場合、オランダミミナグサの方が早く、4月が最盛期。これに対しミミナグサは5月が最盛期。その理由は、ミミナグサが春に発芽する多年草であるのに対し、オランダミミナグサは秋に発芽して冬を越す越年草であることによる。

青森市桂木の自宅敷地の同じ場所に数年前、この両種が入り込んだ。その後、ミミナグサがどんどん勢力を広げているのに対し、オランダミミナグサはあまり増えない。定説と真逆の現象だ。

（2017年2月21日）

オランダミミナグサ

ナデシコ科　ミミナグサ属
〈撮影地〉青森市長島　2018年4月21日

市街地のいたるところに生えている野草の一つ。日本在来種のミミナグサに似るが、葉の緑色が淡く、花柄が短いので花が密集しボリューム感があるように見えることなどが違う点だ。

ヨーロッパ原産。明治時代末、神奈川県横浜市で確認され、青森県では1950年ごろから見られるようになった。それが今では、道端、空き地、庭、アスファルトの隙間…目にしない場所は無いほど。青森県は、生物多様性などへの影響が心配されるとして本種を「侵略的定着外来種」に指定している。

旺盛な繁殖力の陰には巧妙な適応戦略がある。劣悪な環境に生えるものの中には、花を咲かせずつぼみの中で自家受粉し種子をつけるものがある、という。どんな生育環境でも子孫を残せるしたたかさ。その結果、世界の温帯に広まった。

名は在来種のミミナグサに似て、ヨーロッパ原産だから。ここで疑問が起こる。オランダがなぜヨーロッパ代表なのか、と。新牧野日本植物図鑑（2008年）でオランダが名についている植物は16種と断トツに多かった。鎖国時代の日本が交易した国がオランダだけだったため、古い時代の植物学者にとって、ヨーロッパ＝オランダ、というイメージが強かったのだろう。

（2015年4月7日）

コンクリート擁壁とアスファルト歩道の隙間から生えるオランダミミナグサ。花にボリューム感がある。円写真は花

ツメクサ

ナデシコ科　ツメクサ属

〈撮影地〉青森市古川　２０１４年５月24日

シロツメクサやムラサキツメクサと名が似ているが、これらは白詰草、紫詰草。名の由来は昔、ヨーロッパから大切なものを輸送する際のパッキング用の詰め物に使われたことによる。一方、ツメクサは爪草。葉が細く、先がとんがっているため、これを鳥の爪に見立てたもの。両者は名は同じだが、まったく違うグループの植物だ。

市街地のアスファルトやコンクリート道のわずかな隙間を好み、ひっそり生えている。草丈は低く、花も非常に小さい。だから、人目につかず、草刈りの対象にもあまりならない。なにも、こんな場所に生えなくてもいいのに、とおもうのだが、ツメクサにとっては、ほかの植物が入り込まない劣悪な場所が、逆に邪魔されずに光を享受でき、住み心地がいいのだろう。とかくひ弱におもわれがちな日本在来種だが、本種はしたたかな戦略家だ。

花をよく咲かせ、種をたくさんつける。種は０・５ミリと極小。わずかな隙間にも楽々種が入り、発芽できる。よくできたものだ。

花びらがほとんど退化したものも見られる。青森市新町通りの歩道の隙間でそれを見つけ、研究者に見てもらったところ、ツメクサとのこと。花びらの個体変異が大きい植物だ。

（２０１７年４月11日）

歩道と縁石の隙間に生えるツメクサ。中心市街地の道端で多く見られる円写真は花

ハマツメクサ

ナデシコ科　ツメクサ属
〈撮影地〉青森市本町　2017年5月5日

青森市の青森港新中央埠頭《ふとう》の基部一帯は、空き地や造成地となっており、帰化植物や日本在来種の種類数が非常に豊富。しかも市街地と直結しており、恰好《かっこう》の「まち野草」観察地。このためよく足を運んでいる。

この中央埠頭から防波堤が延びており、その上におしゃれな散策道がつくられている。気持ちの良い散策道だから、まち野草を観察したあと、ついでに散歩することが多い。春になれば、そこにハマツメクサが花を咲かせる。

防波堤は、コンクリートと石でできており、土はまったく無い。それなのに、なぜ生えているのだろう。不思議におもって、よく見てみると、ちょっとした隅や隙間に生えている。おそらくは、風で飛ばされてきた土や砂がそのような所にほんのわずかたまり、そこに風で飛ばされてきた種子が落ち発芽。茎や葉を伸ばしてくると、土や砂がさらにたまりやすくなる、という構図なのではないか。

ツメクサ（爪草）に似て、海岸地帯に生えているので、ハマツメクサと名づけられた。細い葉を鳥の爪に見立てたもの。

ハマツメクサの葉は、ツメクサのそれより、幅が広くかなり分厚い。一見、多肉植物をおもわせる葉だ。また、茎もハマ…の方が太い。青森県を含む全国の海岸の、日当たりの良い岩地などで普通に見られる。

防波堤に根付き、花を咲かせるハマツメクサ。円写真は花

アライトツメクサ

ナデシコ科　ツメクサ属
〈撮影地〉青森市緑　2014年5月5日

この植物はヨーロッパ原産で、北半球北部に広く分布しているが、日本で初めて見つかったのは、なんと青森市で。同市の植物研究者・細井幸兵衛さんが1953（昭和28）年、青森営林局（現・青森市森林博物館）構内の植木鉢の中に生えていたのを発見した。

東アジアでは千島列島北端のアライド島、サハリンのユジノサハリンスクが産地として知られていたが、青森市がこれに加わった。その後、北海道や東北で帰化が確認されるようになり、近年は関東地方でも見つかっている。

アスファルトの隙間に好んで生えるアライトツメクサ。円写真は花

名のアライトは、北千島のアライド島による。葉の形を鳥の爪に見立てツメクサ（爪草）だ。

初確認からおよそ65年。いま青森市街地では、春から初夏にかけて、アスファルト道、歩道などの隙間に普通に見られる。いたる所に生えている、といっても過言ではないほど。弘前市紺屋町の実家の前のアスファルト道にも生えているのを見たことがある。

小さな植物で、横に広がり一見、コケ植物。直径4ミリほどの花は4枚のがく片からなり、普通は花びらを付けない。だから、緑色の花のように見える。アスファルトの隙間など劣悪な環境を好むが、ほかの植物に邪魔されることなく光を享受できるので、この植物にとっては快適環境なのだろう。

（2018年4月17日）

ウスベニツメクサ

ナデシコ科　ウシオツメクサ属
〈撮影地〉青森市安方　2016年4月24日

「あおもり　まち野草」の取材を始めるまで、この植物の存在を知らなかった。初めて見たときは驚いた。こんなかわいい花をこれまで知らなかったとは、と。注意して見てみると、あちこちで、直径5ミリほどの小さな花を咲かせている。これまで、見てはいたが、気をつけていなかったので意識に入ってこなかったのだろう。

ヨーロッパ原産。北半球の温帯地域の海岸などに分布、南アメリカなどに帰化している。日本にも帰化し、北海道から本州にかけての海岸や道端に生えている。小さくて気づきにくいので、いつごろ日本に入ってきたのか、よく分かってない。青森県の場合は、研究者によると、1990年代から目立ってきたようにおもえる、とのこと。

海岸性の植物らしく、青森市にある青い海公園の歩道ブロックの隙間などに多く生えているほか、海にほど近い青森駅周辺や柳町通り、長島の歩道など、ほかの植物が入り込めない場所で見られる。

花が薄紅色で、葉が鳥の爪のような形をしているから薄紅爪草と名づけられた。

かわいい花ではあるが、北海道では、ブルーリストに選定、既存の生態系に悪影響を与えるのかどうか、観察を続けて行く。

（2018年1月16日）

青い海公園の歩道ブロックの隙間から生えるウスベニツメクサ。小さくて目立たないが、かわいい花だ。円写真は花

ミドリハコベ

ナデシコ科　ハコベ属

〈撮影地〉青森市本町　2016年4月24日

都市公園で群落をつくるミドリハコベ。市街地のハコベは、ほとんどが帰化種のコハコベなので、ミドリハコベの群落は珍しい

ハコベは古来、日本人にとって最も身近な野草の一つだった。昔は、日本在来種のミドリハコベをハコベといっていたが、今は帰化植物のコハコベが勢力を広げており、市街地で見られるハコベのほとんどがコハコベ。このため、ミドリハコベとコハコベの総称をハコベといっている。

ハコベの名は日本最古の薬物事典である本草和名（編纂《さん》は延喜年間＝901～923年）に登場する波久倍良（はくべら）が転訛《てんか》したとされているが、波久倍良の意味は分かっていない。

ハコベは、江戸時代に庶民の間に広まった春の七草の一つとして知られる。そのころのハコベはミドリハコベだったろう。また、鰺ヶ沢町では食糧難だった戦中・戦後、ハコベを食べると母乳の出が良くなる、と赤ちゃんを持つお母さんがハコベを食べた、という。世界有用植物事典には「民間薬として催乳剤に用いる」と書かれており、これを裏付けている。

和漢三才図会（1713年）に、ハコベの汁と塩を混ぜ、歯磨きに利用した、と書かれている。今でも大阪・はこべ塩歯磨本舗は「はこべ塩歯磨」を販売しているが、衛生面を考え、かなり前からハコベの代わりにペパーミント精油を使用している、という。

（2017年4月4日）

コハコベ

ナデシコ科　ハコベ属
〈撮影地〉青森市新町　2015年4月5日

子どものころ、小鳥を飼ったことがある。なんという鳥だったのかは忘れてしまったが、ある日、父が唐突にかごに入った小鳥を持ち込んだ。そして、言った。「餌はハコベだ」。庭先からハコベを摘んで小鳥に与えるのは、わたくしの役目だった。ハコベばかり与えたせいかどうかは知らないが、小鳥は短命だった。

通称ハコベといわれる植物は、帰化植物のコハコベと日本在来種のミドリハコベの総称。小鳥に与えたハコベは、おそらくはコハコベだったのではないか、と今にしておもう。

コハコベはヨーロッパ原産。世界中に帰化しており、日本では1922（大正11）年に東京で確認されその後、各地で知られるようになった。青森県では、戦後になってから、コハコベの存在が分かった、という。

今では青森県内はもとより、全国の市街地で見られるハコベで圧倒的に多いのは、コハコベだ。やわらかい植物だが、コンクリートやアスファルトの隙間に生えるたくましさがある。

青森市新町通りの街路樹の植樹枡《ます》や駐車場の脇の土の部分にもたくさん生えている。発芽、開花、種子のサイクルが短い植物で、これが1年の間に繰り返される。2015年12月は積雪が遅かったため、同月中旬まで花が見られた。繁殖力旺盛な植物である。

（2016年2月16日）

コンクリートの隙間から生えるコハコベ。市街地で最も多く見られる植物の一つだ。円写真は花

ウシハコベ

ナデシコ科　ハコベ属
〈撮影地〉八戸市長横町　2018年11月23日

八戸市の、夜の長横町を歩いていたときのこと。駐車場の隅から金網のフェンス越しに植物が顔を出し、小さな花を咲かせていた。

ウシハコベだ。春から秋まで花期が長い植物だが、この日は11月23日。まさか、こんな寒いときまで咲いているとは。あいにくカメラを持っていなかったので、アイフォーンで撮影した。それがこの写真だ。

日本在来種で、全国に分布。道端、あぜ道、林縁などに自生している。茎は分岐し、ほかの植物や物に寄りかかりながら、広がっていく。草丈は50㌢にもなり、コハコベやミドリハコベと比べても大きさが目立つ。葉も大きい。コハコベの葉の長さはせいぜい1～2㌢、ミドリハコベは2～3㌢だが、ウシハコベの場合、葉の縁が波打ち、長さが8㌢以上もあるものも。このため、ウシガエル同様、大きいものの例えとして、ウシ（牛）の名が与えられた。ハコベの由来については、ミドリハコベの項を参照してください。

大きさのほか、コハコベ、ミドリ…との違いは雌しべの数。コハコベとミドリ…の雌しべの先端は三つに分かれるが、ウシハコベは五つに分かれる。麦作と一緒に渡来した史前帰化植物との説も。

夜の長横町で花を咲かせるウシハコベ。円写真は花と葉。花びらは5枚だが、深く切れ込んでいるので10枚のように見える

ノミノツヅリ

ナデシコ科　ノミノツヅリ属
〈撮影地〉青森市浜田　2015年5月2日

大型ショッピングセンター付近の緑地帯で群落をつくるノミノツヅリ。円写真は花

小さな昆虫の名にはよくノミがつけられる。たとえばノミハムシ。植物の名も同様。ノミノツヅリは花が直径約5ミリ、葉の長さは3—7ミリとともに非常に小さい。

漢字で書くと「蚤の綴り」。蚤は、戦後しばらく、人を悩ませた吸血昆虫ヒトノミのこと。2—3ミリと非常に小さいが、刺されるとかゆく、病原菌を媒介するので嫌われた。わたくしも子どものときに、よく刺された思い出がある。小さいくせにジャンプ力がすさまじく、ぴょんぴょん跳ねるノミをつかまえ、指でつぶしたものだった。つぶすときのプチっという音が記憶に残っている。

「綴り」は、広辞苑によると「つぎあわせた着物。粗衣。また、袈裟。僧衣」。ノミノツヅリは、小さな葉をノミの粗末な着物に見立てた、といわれている。

春、乾いた荒れ地で群落をつくる。青森市内では、JR青森駅周辺やイトーヨーカドー周囲の緑地帯などで見られるが、花があまりにも小さいため、多くの人々は気づかずに通り過ぎている。

日本在来種だが、ユーラシア大陸原産で世界中に帰化している、との説も。また、麦作とともに日本に入ってきた史前帰化植物、という説もある。

（2016年3月29日）

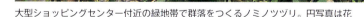

オオヤマフスマ

別名・ヒメタガソデソウ　ナデシコ科　オオヤマフスマ属
〈撮影地〉青森市桂木　2014年6月9日

倉庫の軒下で毎年、初夏になれば群落をつくるオオヤマフスマ。円写真は花

倉庫の軒下は、土が露出していることが多い。その狭い土の部分に、さまざまな野草が生える。オオヤマフスマも近所の軒下で、毎年5～6月になれば、かれんな白い花を咲かせる。

日本在来種で、低山地の草原などに普通に見られる。それがなぜ市街地に？土と一緒に種子が運ばれてきたのか。

ノミノフスマに似るが、それより草姿が大きく、山に自生するからオオヤマフスマと名づけられた、といわれている。フスマ（衾）とは掛け布団のこと。小さな葉を掛け布団に例えた。

興味深いのは別名のヒメタガソデソウ（姫誰ケ袖草）。タガソデソウに似るが、小さいのでヒメがついた。新牧野日本植物図鑑は、タガソデソウの由来について、古今和歌集の「色よりも香こそあはれとおもほゆれ　誰袖ふれし宿の梅ぞも」から名づけられたのだろうと推測。梅の良い香りがするけど、誰の袖に移った梅の香りなんだろう、とおもいを巡らしている情景で、非常に雅《みやび》である。一方、匂い袋のことを別名「誰が袖」（たがそで）という。

が、オオヤマフスマの花は匂いがしない。タガソデソウも無臭という。それなのになぜ芳香にまつわる名がつけられたのだろうか。

トキワハゼ

ハエドクソウ科　サギゴケ属
〈撮影地〉青森市長島　2014年5月10日

唇型といわれている花に、なぜか心がひかれる。だから、青森市中心部の柳町緑地帯でこの花を見つけたときはうれしくなった。

トキワハゼ。漢字で書くと常磐爆。広辞苑によると常磐は「松・杉など、木の葉の常に緑色で色をかえないこと」。また、植物の実などがはじけることを爆《は》ぜる、という。この植物も実がはじけることから「爆ぜ」が名に使われた。

柳町通りの緑地帯で花を咲かせるトキワハゼ。背景はリッチモンドホテル。円写真は花

植物の名でトキワがつくものは多い。トキワハゼもその一つで、冬以外、緑の葉を付けていることから、トキワと名づけられた。

といっても、春から秋まで、同一植物体が緑色の葉を付けているのではない。花を咲かせ、種を落として枯れる。その種が発芽し花を咲かせ、また種を落とす。その繰り返し。青森県内では春から秋まで3世代くらい交代するものとみられ、このため、いつも緑の葉を付けているように見える。

東アジアに広く分布、日本全土の道端などに見られる。日当たりの良い場所では草丈が低く、茎が地面を這《は》う傾向にある。しかし、青森市第二問屋町の、建物と建物の間の日当たりの悪い所に生えていたトキワハゼは、細い茎がひょろひょろ長く直立、その先端に花を付けていた。

（2016年4月19日）

ノハラムラサキ

ムラサキ科　ワスレナグサ属
〈撮影地〉青森市本町　2015年5月2日

駐車場のコンクリート縁の割れ目から生えるノハラムラサキ。ワスレナグサと非常に似ている。円写真は花

青森市に住む友人宅の庭には、5～6月になれば、さまざまな品種のワスレナグサが咲く。「この花の形が好きなんだよ」と友人。中世ドイツの悲恋物語に登場する主人公が「私を忘れないで」と恋人に言ったことが、名の由来として知られる。

ノハラムラサキの草姿や花は、このワスレナグサとほとんど同じ。違うのは、ノハラムラサキの花が、ワスレナグサより小さいことだけだ。

ノハラムラサキは、ヨーロッパ原産の帰化植物。1936（昭和11）年に千葉県で採集されたのが一番古い記録で、それから東北地方を中心に北日本でかなり広がった。

春になれば、青森市の市街地でもアスファルトやコンクリートの隙間、道端、空き地などでよく見られる。帰化植物によくある大群落をあまりつくることなく、どことなくはかなげなたたずまい。

が、一度だけ大群落を見たことがある。1985年ごろのことだ。異動で青森市に戻ったわたくしは、家を借りた。広い庭があったが、手をかけなかった。すると季節になったら一面、この植物の大群落。あの驚きは忘れられない。これが、この植物を知った最初だった。

（2015年6月2日）

キュウリグサ

ムラサキ科　キュウリグサ属
〈撮影地〉弘前市西茂森　2018年5月6日

花がワスレナグサやノハラムラサキに非常によく似ているが、それらとは格段に小さな花を咲かせる植物が、弘前市禅林街入り口付近の石垣の隙間に生えていた。花の直径は、わずか3ミリくらいしかない。

研究者に調べてもらったらキュウリグサとのこと。図鑑によると「葉をもんで、においをかいでみると、野菜のキュウリの香りがすることから、この名がついた」と書かれていた。

かれんな花を咲かせるキュウリグサ。花がワスレナグサやノハラムラサキに似るが、非常に小さい。円写真は花

これは確かめてみなければなるまい。再び弘前市に足を運び、キュウリグサの葉をもんで、においをかいでみた。青臭いにおいがほのかにした。これをキュウリのにおいと言えるのか、言えないのか。微妙なにおいだった。それを研究者に伝えると「花穂をもむと、キュウリ香が淡く感じられるよ」。

キュウリグサの名は江戸時代の植物図鑑「備荒草木図」（1833年＝天保4年）に見られる。このにおいをキュウリに例えるとは、昔の学者の表現力には脱帽だ。

備荒草木図では、この植物は食べられる、と紹介されている。じっさい今でも、若い茎葉を山菜料理に使う地域がある、という。

青森県内では林の縁や畑地、水田のあぜ、道端などに見られ、市街地ではあまり見られない。日本在来種だが、麦栽培に伴って渡来した史前帰化植物とする説もある。

ヒメオドリコソウ

シソ科　オドリコソウ属
〈撮影地〉青森市新町　2016年5月1日

ブロック塀と駐車場の間のわずかな土の部分に群落をつくるヒメオドリコソウ。円写真は花

最も身近な帰化植物のひとつである。春、リンゴ園に行くと、あちこちで大群落をつくっている。一つだけならかわいいが、あれほどの集団で生えていると〝異星植物〟のようにおもえ、なにがしかの不気味さを感じる。

市街地のいたるところに生えている。わずかな隙間にも生える。この旺盛な繁殖力は、1株当たり200個もの種子をつけ、その長さが1・5ミリと極小なことによる。どんな隙間にも入り込める。しかも、種子の寿命が長い、とくる。

ヨーロッパ原産。世界中に広く帰化、日本で最初に確認されたのは1893（明治26）年、東京・駒場で。今では全国でごく普通に見られるようになった。青森県内での初記録は昭和20年代、旧国鉄（現JR）五能線の森田駅で。その後、次第に広がっていった。

名は、姿がオドリコソウ（踊子草）に似て、小さいためヒメ（姫）がついた。

この植物を調べていて、疑問に感じたことがある。明治時代中期に日本に入ってきたのに、爆発的に増えだしたのは、ここ数十年のことだという。何がきっかけで増えだしたのだろう。超普通種なのに謎を秘めた植物である。

（2017年3月21日）

ホトケノザ

シソ科　オドリコソウ属
〈撮影地〉八戸市内丸　2018年5月27日

花が乗っている、円形に見える対生（葉が向かい合って茎に付いている状態のこと）の葉を、仏像が乗っている仏座（蓮華座）に見立て、ホトケノザという名が与えられた。

あるとき、青森市本町の雑居ビルの地際にホトケノザが生えているのを見つけた。つぼみをつけていたので、咲いたら撮影しよう、と毎日観察した。ところが咲くことなく枯れてしまった。翌年、同じ場所に行ってみたら、なんと株がかなり増えていた。なぜ？

この不思議な現象は、閉鎖花によるものだ。ホトケノザは、環境が良い場所では花を咲かせ他家受粉するとともに、環境があまり良くない場所では、つぼみ状態の閉鎖花のまま、自家受粉で種子をつくる傾向にある。このようにホトケノザの受粉は、〝二刀流〟だったのだ。この方式だと、種子ができないリスクを回避できる。なかなかの知恵者だ。

ホトケノザというと、セリ、ナズナ、ゴギョウ、ハコベラ、ホトケノザ…の言い回しで知られる、春の七草をおもい出す人が多いはず。しかし、本物のホトケノザは食べられない。春の七草でいわれているホトケノザは、実はキク科植物のコオニタビラコであることが定説となっている。

（2018年11月13日）

アスファルトの隙間から生えるホトケノザ。円写真は右が花、左は閉鎖花。閉鎖花はこれ以上開かないのに、自家受粉で種子ができる

キランソウ

別名・ジゴクノカマノフタ　シソ科　キランソウ属
〈撮影地〉青森市本町　2015年4月29日

生態も名も不思議な植物である。まず生態。青森市本町の公園の木陰で2~3株を見つけたのは2015年の春。面白い草姿なのでまめに観察を続けたが、翌年と翌々年は姿を見せず3年後の2018年、7~8株に増え、再び姿をあらわした。こんなことってあるのだろうか。

この不可解な現象について、津軽植物の会の木村啓会長は「生育環境に極めて敏感な植物だとおもう。生育条件に合わないと、根株から芽を出さないのではないだろうか」と推論する。

日本在来種の多年草で、日当たりがちょっと悪い道端や芝地などで、地面にへばりつくように生える。花茎も上に伸びない。

名も不思議だ。キランソウの中国名（漢名）は金瘡小草。瘡は「そう」と読むから、キランソウには結びつかない。花の色から紫蘭草の字を当て、キランソウに転訛《てんか》したとの説があるが、紫（し）を「き」と訛《なま》るのには無理がある。結局、名の由来は不明だ。

別名のジゴクノカマノフタ（地獄の釜の蓋）には不思議を通り越して唖然《あぜん》とするしかない。名の由来には、①地面にへばりついて生えるから、地面に蓋をしているように見える②せき止めなどに薬効があるため、病気を治し地獄の釜に蓋をする―などの説があるが、これも不明。命名者の発想の豊かさに脱帽だ。

地面にへばりついて生えるキランソウ。昔の学者は、これを〝地獄の釜の蓋〟に見立てた。円写真は花

セイヨウジュウニヒトエ

シソ科　キランソウ属

〈撮影地〉弘前市紺屋町　2014年5月25日

さほど広いわけではない実家敷地に、父は大石武学流を似せた庭をつくった。津軽地方特有の庭である。

幾重にも重なって花をつけるセイヨウジュウニヒトエ。これを平安女性の衣装に例えた。円写真は花

築山にはさまざまな野草が生えたが、草とりは母の係だった。わたくしは、築山に生える野草を見るのが楽しみで、実家に帰るたびに築山で観察したものだった。

父が亡くなり、母が施設に入った2年半後、いつものように築山に行ってみたら、おびただしい数のセイヨウジュウニヒトエが群落をつくっていたのを見つけた。自分が知らない植物を見つけると、興奮しながら必ずわたくしに報告する母だったが、この植物については語ったことがなかった。ということは母が施設に入ってから群落をつくったのだろう。

日本在来種のジュウニヒトエに似て、北ヨーロッパ原産。だからセイヨウジュウニヒトエだ。高さ25チセンほどの茎に、幾重にも重なって花をつける姿を、平安女性の装束・十二単（じゅうにひとえ）に見立て、名づけられた。

特異な姿をしている植物なので、古くから観賞用に栽培されてきた。それが1970年ごろから野生化した。水田の畔《あぜ》を覆うために導入されたことがあり、これも全国各地で野生化する原因となった。アメリカやアジアではカバープラント（地表緑化植物）として栽培された、という。

（2018年10月30日）

カキドオシ

シソ科　カキドオシ属

〈撮影地〉弘前市西茂森　2016年5月7日

土手の下部で花を咲かせるカキドオシ。時として大群落をつくる。円写真は花

子どものころ、どこの家の周りにもカキドオシがたくさん生えていた。野遊びが好きだったわたくしは当然、カキドオシの茎や葉をちぎって匂いをかいだものだった。シソ科植物の芳香を初めて知ったのは、この植物で、だった。

昭和30年代、市街地にあれほど多く生えていたカキドオシだが、今、市街地で見つけるのはかなり難しくなった。おそらくは、昔の市街地は里山そのもので、カキドオシの生育には適していた。しかし今は、道がアスファルトで固められたり、各家がブロック塀を建てたり、と里山とはまったく違う環境になったから、カキドオシの生育には厳しいのだろう。

ただ、市街地でも里山環境が保たれている場所には生える。八戸市内丸の三八城神社の境内でカキドオシの大群落を見つけたときは、びっくりしたものだった。

カキドオシは日本在来種。全国の、里山の道端や林縁などに生えている。つる性の茎をどんどん伸ばし、垣根を越えて隣家の敷地に入っていくことをイメージして「垣通し」の名がつけられた。

民間薬として知られ、津軽地方や全国では、子どもの疳《かん》の虫を抑えるために用いられた。津軽ではカントリグサ（疳取り草）、全国ではカントリソウと呼ばれた。

ヤハズエンドウ

別名・カラスノエンドウ　マメ科　ソラマメ属
〈撮影地〉青森市浜田　2016年5月3日

緑地帯の植え込みに絡まりながらつるを伸ばし、花を咲かせているヤハズエンドウ。円写真は葉。葉の先を矢筈に見立てた

2015年の初夏、緑地帯の植え込みに、黒く干からびた豆のさやを見つけた。つるが、低木に絡まっている。つる性のマメ科植物だ。一年待って、どんな花が咲くのかを確かめた。本州から九州にかけて広く分布している、日本在来種のヤハズエンドウだった。

以前はカラスノエンドウと呼ばれていたが、今はヤハズエンドウという和名が推奨されている。人間が食べるエンドウより小さいためカラス。また、葉の先端が矢筈(やはず。矢を弦につがえる部分)形にへこんでいるためヤハズ、が名の由来だ。

なぜ、カラスからヤハズに名が変更されたのだろうか。ヨーロッパ原産のイブキノエンドウが、カラスノエンドウという名で呼ばれていたことから、混乱を避けるためカラスノエンドウをヤハズエンドウに言い換えるようになった、という説が有力だ。

が、「ヤハズエンドウの名は使いたくない」とする研究者が多い。カラスノエンドウとスズメノエンドウの中間型のカスマグサ(カラスの「カ」、スズメの「ス」、間の「マ」)があるが、カラスノエンドウの名が消えるとカスマグサの名の由来意義が無くなる、がその理由だ。

(2017年4月25日)

スズメノヤリ

イグサ科　スズメノヤリ属
〈撮影地〉青森市柳川　2015年4月29日

なんともユーモラスな姿。茎とてっぺんの花の塊を、長柄の毛槍《やり》に見立てた。参勤交代での大名行列の先頭に立つ、あの毛槍である。小さいからスズメ。まさしく毛槍に見える。スズメの大名行列を想像すると楽しい。命名者のセンスに拍手を送りたい。

毛槍は大名行列の華。「♪てんてんてんまり…」で始まる童謡「鞠《まり》と殿様」（作詞・西條八十、作曲・中山晋平、1929年発表）の2番にも「♪…ひげやっこ　毛槍をふりふり　ヤッコラサのヤッコラサ」と登場する。多くの人はこの童謡に親しんできたから、スズメノヤリを見ると、親しみをおぼえるのではないだろうか。

全国に分布、日当たりの良い芝地などを好む。青森県庁周辺の芝地にも群落をつくっている。

旧青函連絡船・八甲田丸が係留されている一帯の芝地も、春になれば一面スズメノヤリ。近くに「津軽海峡・冬景色」の碑。観光客らが碑の正面に立つたび、センサーが働き、石川さゆりのこの歌が流れる。スズメノヤリは群生しているので、撮影がなかなか難しい。やっと撮り終えたときには、何回もこの歌を聴いていた。

一字違いのスズメノケヤリという植物がある。これは、ワタスゲの別名。実にまぎらわしい。

（2016年4月12日）

旧青函連絡船・八甲田丸（写真奥）近くの芝地に群生するスズメノヤリ。円写真は花の塊

チャシバスゲ

カヤツリグサ科　スゲ属
〈撮影地〉青森市柳川　２０１５年４月29日

青森港の、八甲田丸を係留している近くに、芝地が広がっている。春、そこで茶色の穂をつけた植物が、群落をつくっているのが見られる。これがチャシバスゲだ。名は、穂が茶色でシバに似たスゲ、という意味だ。

北半球の亜寒帯に広く分布、日本では北海道と北陸以北の本州の、海岸砂地などに生えている。青森県内では各地に見られる。

この植物は、茎の先端とその下に形の違った穂を付けている。先端の穂は雄小穂といい、雄花の集まり。ここから花粉を出す。また、下の穂は雌小穂とよび、雌花の集まり。ここから写真のような白いひげ状の雌しべを出す。この雌しべが花粉を受け、実を結ぶ。

多くの植物は、一つの花の中に雄しべと雌しべが同居しており、これを両性花という。一方、チャシバスゲのように雄花と雌花が別々なものを単性花という。

一本の茎に雄花と雌花がついているのはなぜか。両性花より他家受粉のチャンスが多くなり、優良な遺伝子を残せる、ということか。ただ、両性花、単性花ともメリット・デメリットがあり、それぞれ進化を遂げた結果、現在繁栄している、ということだけはいえる。

（２０１６年３月８日）

芝地に生えるチャシバスゲの群落。円写真は、雌小穂とよばれる雌花の集まり

クサノオウ

ケシ科　クサノオウ属

〈撮影地〉青森市本町　2015年5月2日

帰化植物が急速に分布を広げ、それにより日本在来の植物が駆逐されるのではないか、と心配されている。たしかに、在来種の中には数を減らしているものもあるが、このクサノオウは、減りもせず、かといって増えもせず、昔から変わることなく、山村の道端などに生えている。里山の植物というイメージが強いが、市街地でも姿を見ることができる。青森市筒井を流れる堤川の土手の草むらや、弘前市の禅林街でも見られる。

茎を切るとオレンジ色の汁がにじみ出る。この汁に有毒のアルカロイドが含まれている。毒と薬は裏表。漢方では白屈菜という薬になっている。

金色夜叉の作者尾崎紅葉が病に伏したとき、弟子たちがこの植物を探し回った情景を泉鏡花が短編「白屈菜記」に書いている。

クサノオウの名の由来について牧野日本植物図鑑（1940年）は、黄汁を出すから「草の黄」、皮膚病を治すから「瘡（『くさ』と読ませた）の王」「草の王」―と列記しているが、「確たる定説無し」と断定していない。

青森市の中心部にある都市公園の本町公園で毎年花を咲かせるクサノオウ。円写真は花

昔、県内の子どもたちの多くはこの草の汁を腕につけ、〝種痘遊び〟をした。汁をつけた部分が赤くかぶれるさまを種痘接種の反応に見立てたものだが、いまはそんな遊びをする子どもはいない。

（2015年6月23日）

ムラサキケマン

ケシ科　キケマン属
〈撮影地〉青森市青葉　2016年5月8日

　里山のイメージが強い植物である。春先、水田近くの土手や、集落に近い道端で花を咲かせている群落を見ると、春が来たなあ、とおもう。だから、青森市青葉の、住宅街の側溝近くでこの植物を見たときはびっくりした。さらに、乾燥している同市中央の空き地の隅で見つけたときには、もっとびっくりした。日本在来種で、非常にやわらかな植物体とは裏腹に、けっこうたくましい。

　多くの図鑑を見ると、「ケマンソウ（華鬘草）に似て紫色の花をつけるから」とムラサキケマンの名の由来を説明している。しかし、ケマンソウもムラサキケマンも無理がある命名だった。

　華鬘は寺のお堂を飾る道具の一つ。華鬘とケマンソウの花はちっとも似ていない。むしろ、茎を釣り竿に、花を魚のタイに見立てたタイツリソウの別名の方が分かりやすい。一方、ケマンソウとムラサキケマンの花は、お世辞にも似ているとはおもえない。その結果、華鬘とムラサキケマンはまったく似ても似つかない、という伝言ゲームのようなおかしな結果になった。なぜ、こんなことになったのだろう。

　ケシ科植物で、植物体全体に、けいれん毒のプロトピンを含む。食べられるシャクの若葉のころと見間違って食べ、中毒を起こすケースがある、というから注意が必要だ。が、中国ではこの毒を駆虫剤や皮膚病の薬に利用している。まさしく、毒にも薬にもなる、である。

（2018年5月8日）

住宅街の側溝の近くに生えるムラサキケマン。里山では、春の訪れを強く感じさせてくれる花の一つだ

ハルザキヤマガラシ

アブラナ科　ヤマガラシ属

〈撮影地〉青森市浜田　２０１４年５月18日

大型ショッピングセンター外周緑地の一角に群落をつくるハルザキヤマガラシ。市街地でも目に付くようになってきた。円写真は花

春になれば、郊外の道端は黄色に染まる。多くの人たちはこうおもう。「菜の花、きれいだな」と。が、この花は菜の花ではない。今、急速に勢力を広げている帰化植物ハルザキヤマガラシだ。生える場所は郊外にとどまらない。市街地の空き地や道端でも見られるようになってきた。帰化植物が春の風景を変えた。

ヨーロッパ原産で、日本に入ってきたのは明治時代末期と言われているが、北海道や東北地方を中心にじっさい広がり出したのは戦後から。青森県内では１９８０年ごろから目につくようになった。そして１９９５年ごろから、わずか20年くらいの間に爆発的に増え、今も年々増え続けている。

ハルザキヤマガラシは、その強い繁殖力から、外来生物法で要注意外来生物に指定され、日本生態学会がまとめた「日本の侵略的外来種ワースト１００」にもリストアップされた。

名の由来は、草の姿がヤマガラシ（山辛子）に似て、春に咲くことによる。

この植物は、１株当たりの種子が４～12万個と極めて多い。ネズミ算どころじゃない繁殖力。急速に分布を広げているのも納得、の数字である。

（２０１５年６月９日）

スカシタゴボウ

アブラナ科　イヌガラシ属
〈撮影地〉青森市大野　2014年5月24日

いないはずのチョウセンシロチョウという蝶《ちょう》が日本で発生し、大きな話題になったことがある。1950年代後半からすこしずつ渡来、四国を除く日本各地で記録された。青森県でも1976（昭和51）年の7月25日に三厩村（現外ケ浜町）で、同年9月17日には藤崎町で記録された。

原色蝶類検索図鑑（1990年）によると「1979～1981年にかけて北海道各地で多数の個体が得られ、一時的に道内で発生したのち、越冬した可能性のあることが指摘されている。1982年以降は国内のいずれの地域でも採集されていない」。このためこの蝶は、日本に定着しない迷蝶扱いとなっている。

北海道で一時的に繁殖したとき、食草はスカシタゴボウだった。風とともに訪れ、風とともに去った蝶。その蝶と食草に、そこはかとなくロマンを感じる。

スカシタゴボウは、田のあぜなど湿った場所を好み、全国に普通見られる日本在来種。湿り気がない市街地でもあちこちに見られる。

漢字で書くと「透かし田牛蒡」。田に生えるゴボウのような根、が名の由来のようだが、なぜ「透かし」なのかは、どの図鑑を見ても不明としている。非常に気になるところだ。

（2016年5月24日）

葉に切れ込みがあるのが特徴のスカシタゴボウ。円写真は花

ゴウダソウ

別名・ギンセンソウ、ギンカソウ　アブラナ科　ギンセンソウ属
〈撮影地〉青森市本町　2016年5月2日

いかにも園芸植物、といった〝顔〟をしている。それもそのはず、明治時代から観賞用として栽培されてきた、ヨーロッパ原産の植物である。とくに寒い地方を好む植物で、北海道～東北地方にかけて多い。青森市街地を歩いてみると、今でも民家の庭で栽培しているところが散見される。

その一方、全国各地で野生化が進み、道端などで見られる。青森県内では1980年ごろから野生化が目立つようになった。意外なところでは弘前市禅林街の杉林の下草として生えているのを見たことがある。

西洋木版画の先覚・合田清東京美術学校教授（現東京芸術大学）が1901（明治34）年、フランスからこの植物の種子を日本に持ち込んだことから合田草と名づけられた。

ユニークなのは果実。楕円形で長径が3～4㌢もあり、しかも超扁平。熟した果実の外皮と種子を取り除くと、薄い隔膜が残る。隔膜は絹のような光沢があり美しいので、ドライフラワーに利用される。この隔膜由来のギンセンソウ（銀扇草）、ギンカソウ（銀貨草）という別名がある。

ある居酒屋に入ったらこの銀扇をドライフラワーとして飾っていた。軽く驚いた。そして酒がうまかった。
（2018年5月1日）

駐車場と歩道の境の、わずかな土の部分から生えるゴウダソウ。円写真は花と果実

ミツバツチグリ

バラ科　キジムシロ属

〈撮影地〉青森市中央　2014年5月11日

コンクリートの隙間から生えるミツバツチグリ。円写真は花

1970年代後半に、よく利用した理髪店があった。まったく久しぶりにその前を通ったら、すでに廃業、店は空っぽだった。ふと目を下に転じたら、入り口前のコンクリートの隙間に、ミツバツチグリが花を咲かせていた。

北海道から九州まで分布、青森県内でも里山や低山地の、日当たりが良い場所に普通に見られる。理髪店跡で見つけた個体は、劣悪な環境だったせいか、里山で見るものよりかなり小さく、ヒメヘビイチゴと見間違うほどだった。

同じような黄色い花を咲かせるツチグリ（土栗）がある。ツチグリは、中部地方以西に分布、土中の根が太く、生で食べられる。その味がクリと似ているので、ツチグリと名づけられた。ツチグリの葉は3～7枚が1セットになっているが、ミツバツチグリは1セット3枚と決まっている。だから、ミツバ（三葉）の名が与えられた。ミツバツチグリの根も肥大するが、こちらは硬くて食べられないという。

青森県内の里山では、ミツバツチグリと似た植物は、キジムシロ、ヘビイチゴ、ヒメヘビイチゴなどがある。その中でごく普通に見られるのが、ミツバツチグリとキジムシロ。両種の違いは、ミツバツチグリの葉が3枚セットであるのに対し、キジムシロは5～9枚セットであること。

ハルジオン

キク科　ムカシヨモギ属

〈撮影地〉青森市安方　2015年5月11日

ハルジオンとヒメジョオン。花が似ているだけでなく、名も似ている。だから、ハルジョオンと間違って言う人が多い。ユーミンこと松任谷由実も1978年、「ハルジョオン・ヒメジョオン」という誤った植物名をタイトルにした曲を発表している。

秋に咲くシオン（紫苑）に花が似て、春に咲くからハルジオン。日本の植物学の父・牧野富太郎が命名した。しかしわたくしは、シオンとハルジオンの花は、ちっとも似ていない、とおもう。

北アメリカ原産。園芸用として大正時代の1920年ごろ、東大の小石川植物園に植えられたのが、日本で最初の記録。1940年ごろから関東地方を中心に広がり、戦後、全国に広がった。青森県内では1950年ごろから見られるようになった。今では、道端、空き地などあちこちで見られる。繁殖力が強いため、環境省は要注意外来生物に指定している。

ハルジオンとヒメジョオンは見分けが難しい。花や葉の雰囲気に違いはあるが、決定的な違いは、ハルジオンの茎はストローのように中空だが、ヒメジョオンの茎には白い髄が詰まっていること。撮影取材中、判断に困ったときは、ナイフで茎を切り、確認をしてきた。

日本に渡来した当初、ハルジオンの花の色はピンクが強かったが、今では白っぽく変わった、という説がある。写真のハルジオンの花は、ピンクなので、渡来当時の形質を今に残す個体といえそうだ。

（2017年5月23日）

青い海公園のタイルの隙間に生えるハルジオン。ピンク色の花なので、渡来当時の形質を残している？

ノボロギク

キク科　キオン属

〈撮影地〉青森市本町　2014年5月3日

植物にはときとして、かわいそうな名がつけられる。

牧野富太郎著「牧野日本植物図鑑」（1940年）はこの植物名の由来を「ボロギク即ちサワギクに似て野に生ずるより、ノボロギクの和名を生ぜり」と説明、多くの図鑑がこれを引用している。

　しかし、ノボロギクはサワギクと全然似ていない。おまけに花の後の綿毛（種子）を布の「ぼろ」に見立てられた。二重にかわいそうな植物だ。

歩道の植樹枡から生えるノボロギク。円写真は花と綿毛。この綿毛を「ぼろ」に見立て、名づけられた

　ヨーロッパ原産で、世界中に帰化している。日本でも1887（明治20）年に侵入の記録があり、以後、全国各地に分布を広げた。青森県内でも、畑地、道端、空き地など普通に見られる。

　この植物、セネシオンという有毒物質を持っている。誤って食べると、吐き気や下痢などの中毒症状が起こる。が、毒は薬にもなる。ヨーロッパでは民間薬の薬草として知られている。

　ところで、不規則に裂けた葉は、どことなく春菊のそれと似ている。1970年ごろ、春菊と間違って食べた人が五所川原市にいる、という。その感想は「全然おいしくなかった」とか。幸い中毒症状は起きなかったとのことだが、くれぐれも注意が必要だ。

（2015年4月28日）

スズメノカタビラ

イネ科　ナガハグサ属
〈撮影地〉青森市新町　2016年5月2日

植物の名には「スズメノ○○」というように、スズメがつくものがけっこうある。総じて、小さい植物にその傾向があるようだ。

この植物も、小さいので「スズメ」、穂先が着物の合わせ目のように見えることから〝スズメの着物〟、すなわち「カタビラ」（帷子《かたびら》）だ。

日本各地に生えている、最も普通に見られる植物の一つ。青森県内でも同様で、空き地、庭、道端などいたるところで見られ、春先から花を付ける。青森市の中心市街地・新町通りの、街路樹の根元にもたくさん生えている。

旺盛な繁殖力から外来種におもわれがちだが、スズメノカタビラは在来種とされる。しかし、麦類の栽培伝来とともに日本に入ってきた史前帰化植物、とする説もある。

近年の研究では、市街地に生え、茎が細く、根元が這《は》う感じのものをツルスズメノカタビラと呼んでいる。こちらはヨーロッパ原産の帰化植物だ。

津軽地方の農村地帯ではスズメノカタビラを「貧乏草」と呼んできた。田のあぜや畑などに本種がたくさん生えているのを見て、あの家はちゃんと仕事をしないからおカネがたまらないんだよ、とあざ笑ったのが、その由来といわれる。農家にとって草取りは大切な仕事の一つなのである。

（2015年4月21日）

コンクリートとアスファルトの隙間に群落をつくるスズメノカタビラ。円写真は花

ハルガヤ

イネ科　ハルガヤ属
〈撮影地〉青森市浜田　2016年5月15日

イネ科植物はどれも似たような姿をしており、見分けが難しい。しかし、このハルガヤは、特徴ある長楕円形の花穂を付けるので、いちど覚えれば、すぐ分かる。

緑地に群落をつくるハルガヤ。日当たりの良い草地を好み、市街地のあちこちで見られる。円写真は花

青森市内では5月、出穂する。市街地の緑地に群落をつくることが多く、一面に広がる穂並みは、なかなか美しい。

ヨーロッパや地中海地方原産の帰化植物。明治時代の初め、牧草として北海道に導入されたが、すぐに野生化、各地に広まった。東京では1890年ごろ確認された。今では、全国の草地、道端、空き地などに普通に生えている。

漢字で書くと春茅。茅はイネ科、カヤツリグサ科のうちの一部有用植物の総称。春に出穂するから春茅というわけだ。

この植物の特徴は、乾燥させると、バニラのような芳香が穂からすること。この芳香成分はクマリン。牧草に混ぜると家畜の食欲が増進するため、飼料としてよりは干し草に香りを付ける目的で導入された、という説もある（世界有用植物事典、雑草や野草がよーくわかる本）。

この芳香が、香りを楽しむハーブにも利用。ハーブ扱い店では、バニラグラス（バニラ草）という名で売られている。

（2017年2月14日）

スズメノテッポウ

イネ科　スズメノテッポウ属
〈撮影地〉弘前市土手町　２０１８年６月４日

市街地の野草の写真を撮り続けているが、重大な見落としがあるのではないだろうか。そんな不安を研究者の前で口にしたら、３種類ほど教えてくれた。「あおもり　まち野草」に必須の植物だ、と。その中に、スズメノテッポウがあった。

　全国の田起こし前の水田や畑地、それに道端に普通に見られる、と図鑑に書かれているが、市街地でいくら探しても見つからない。姿形が似ている大型のオオアワガエリはあちこちで見られるが、小型のスズメノテッポウは見つからない。名前がかわいいのでぜひ加えたいのだが…。半ばあきらめていたころ、意外な場所で見つけた。弘前市の繁華街・土手町のほぼ中央の辺り。歩道の端にさりげなく生え、茎の先端部分に円柱状の特徴的な花穂をつけていた。この花穂の長さは３～８㌢ほどしかない。

　スズメノテッポウの名は、この花穂に由来する。円柱状の花穂を鉄砲に見立て、花穂が小さいのでスズメが使うことに見立て、名がつけられた。植物の名をつける際、スズメノカタビラ、スズメノヒエ、スズメガヤなど小さい植物に〝スズメ〟を与える傾向にある。スズメが持つ鉄砲だなんて、かわいらしい。実物のスズメノテッポウも本当にかわいい。

　日本在来種で、北海道から九州まで分布するが、ムギ類栽培に伴う史前帰化植物とする説もある。

歩道の端で花穂を出しているスズメノテッポウ。この花穂を鉄砲に見立てた。円写真は花

（２０１８年10月23日）

オオスズメノテッポウ

別名・メドウフォックステイル　イネ科　スズメノテッポウ属
〈撮影地〉青森市青葉　2016年5月15日

5月の連休明け。花穂を付け始めたイネ科植物を見つけた。花穂が最大になり、花を咲かせたころに撮影しようとおもっていたら、なんとその後、草刈りが入った。それでもなんとか1株が刈り残り、見事な花穂を付けた。帰化植物のオオスズメノテッポウだった。

ヨーロッパから西アジアにかけてが原産で、牧草として栽培され、世界の温帯地域に広く帰化している。花穂がスズメノテッポウ（名の由来は前ページ参照）に似て、はるかに大きいため、オオスズメノテッポウ。草丈が1メートルもあり、小さいものの代名詞となっているスズメを名に持つには適切ではないような…。

日本には明治時代初期、牧草として渡来。牧草名はメドウフォックステイル（直訳すると、牧草地でのキツネのしっぽ）。大きな花穂を見ると、スズメノテッポウよりキツネノシッポの方が名にふさわしい。

しかしこの植物、牧草としては、家畜の嗜好性《しこう》が低い、栄養価が低い、収量が低い、消化率が低い、と良いところがない。このため牧草としての作付けが行われなくなり野生化。全国の道端など見られる。

さらに近年になり、北海道太平洋側の牧草地を中心に、本種の侵入が目立ってきた。一度は牧草地から追われた植物が、今度は牧草地に入り込み、良質な牧草生産を阻害しているとは！　まったく因果なもので、いま、北海道農業試験場は防除に苦悩している。

勢いのある株立ちのオオスズメノテッポウ。花穂はスズメよりキツネのしっぽの方がふさわしいとおもうが…。円写真は花

ヤエムグラ

アカネ科　ヤエムグラ属
〈撮影地〉青森市新町　2016年5月8日

新町通りに面した駐車場の縁に群生するヤエムグラ。円写真は花

八重葎《むぐら》という言葉に、昔からなぜか心惹《ひ》かれてきた。なんとなく万葉の世界を連想させる雅《みやび》なものを感じているのかもしれない。「八重葎帖」（宇都宮貞子著、創文社、1973年）を新刊で買ったほどである。もっとも、積ん読で、まだ1ページも読んでいなかったが…。

近年、万葉集など古典に出てくるヤエムグラは、実はカナムグラである、という説が有力で、わたくしはがっかりしている。

日本在来種。ユーラシア、アフリカ大陸の暖温帯に広く分布。日本では全国の畑地や空き地に普通に見られる。畑地に生えるイメージが強いため、青森市新町通りの、ビルの建ち際に群落をつくっているのを見つけたときは、びっくりした。

葉の付き方は、山野草のクルマバソウに似て、茎に輪状に付く。しかし、八重ではない。群生し葉が幾重にも重なり合うように見えるから八重を当てた、とみられる。葎は、草むらや藪《やぶ》の意味。

この記事を書くにあたり、買ってから45年目にして初めて八重葎帖を開いてみた。記事の参考にしよう、とおもったからだ。ところが、タイトルとは裏腹に、ヤエムグラはなんと取り上げられていなかった。当てが外れた。

（2017年5月2日）

初夏

ムシトリナデシコ　2016年5月18日　青森市青柳

エゾノギシギシ

タデ科　ギシギシ属
〈撮影地〉青森市本町　2015年5月24日

日本各地、青森県内各地の、牧草地、農耕地、市街地を問わずいたるところに生えている。ヨーロッパ原産で、温帯を中心に世界中に帰化している。

日本では1909（明治42）年に北海道で確認され、東北地方を経て全国に広がった。青森市の住宅地にある拙宅の庭でも、刈っても刈っても毎年生え、その繁殖力は驚くばかりだ。今では駆除をあきらめ、花穂だけを摘み取り、あとはカバープラント（地表緑化植物）代わりにしている。

牧草地では、この植物が生えることによって牧草の生産が妨げられ、おまけに植物体にシュウ酸などが含まれているため、牛が嫌がって食べない。一番効果的な駆除方法は抜くことだが、広大な牧草地では追いつかない。ということで、この植物の葉を好んで食べる小昆虫コガタルリハムシに駆除してもらおう、と各地で研究が行われたが、目立った効果は聞かない。

環境省が外来生物法で要注意種に指定している。一つの株に両性花と雌花の両方を持つ。これが旺盛な繁殖力の一因なのだろうか。名は「蝦夷の羊蹄」と書く。ギシギシの名の由来については、次ページを参照してください。

（2015年7月28日）

アスファルト歩道と縁石の隙間に根を張るエゾノギシギシ。円写真は右から、両性花、雌花、果実

ナガバギシギシ

タデ科　ギシギシ属
〈撮影地〉青森市本町　2017年6月6日

青森市港町の、コンクリート護岸の隙間からナガバギシギシが生えているのを見つけたときは、「おやっ?」とおもった。青森県内のどこを見ても、ギシギシの仲間はエゾノギシギシが断然多く、ナガバ…は少ないからだ。エゾノ…と比べ葉が細長く、丈が高く、株立ちが旺盛なことから、ひと目で見分けられる。

毎年、港町のナガバ…を撮ろうと通ったが、なかなか上手く撮れない。悩んでいたら、何年か後に同市本町の空き地で見つけた。それも、とびっきり勇壮な株を。高さが1・5メートル以上もあり、株際から何本もの茎が立ち上がる、非常に勇壮な株立ち。遠目には、広い空き地の、そこだけが盛り上がって見えた。

ヨーロッパ原産。日本では1891年、東京で帰化が確認された。今では全国の道端などで見られる。

漢字で書くと長葉羊蹄。ギシギシの名が成立したのは平安中期から鎌倉時代までの間と考えられており、かなり古い名だ。しかし、名の由来や、なぜギシギシに羊蹄の字を当てたのかについては、諸説あるものの、いずれも説得力に欠け、真相は分かっていない。

ナガバギシギシは、根がイエロードックという、ヨーロッパでは古くから使われてきたハーブの原料として知られる。根の成分はタンニン、シュウ酸、鉄、アントラキノンなどで、抗菌作用、体質改善、肝臓の強壮作用、便秘などに効果があるという。

株立ちが非常に勇壮なナガバギシギシ。広い空き地の、ここだけに生えていた。円写真は花

スイバ

別名・スカンポ　タデ科　ギシギシ属
〈撮影地〉青森市東大野　２０１６年５月18日

子どもだったころ、悪ガキたちは野原や林で遊び、いろんなものを口にした。トンボを焚火《たきび》であぶり味噌をつけて食べたり、スカンポをおやつ代わりにしたり…。食に臆病だったわたくしは、トンボやスカンポを敬遠、もっぱら木イチゴを食べていた。中でも、オレンジ色のモミジイチゴの美味しさは忘れられず、いまでも時々口にする。さて、悪ガキたちに人気だったスカンポが、スイバやイタドリの別名である。

今回、ものは試し、と初めてスイバの葉をかじってみた。青臭さの中に、たしかに酸味がある。注意してかじると、葉そのものより、葉の主脈の酸が強いことが分かった。スイバは漢字で書くと「酸い葉」。つまり、酸っぱい葉という意味だ。

海外では「ソレル」と呼ばれ、ハーブの一種として親しまれている。栽培され、サラダに使われたりもする。とくにフランスで好まれている。

日本在来種で北海道から九州の土手、道端、草地などに、普通に生えている。雄株と雌株があり、雄株には雄花だけ、雌株には雌花しかつけない。

スイバは、高等植物（種子植物）の中では、世界で初めて性染色体が発見（木原均・小野知夫、１９２３年に報告）された植物として知られる。

（２０１７年５月９日）

緑地帯に生えるスイバの雌株。円写真の右は雄株の花、左は雌株の花

ヒメスイバ

タデ科　ギシギシ属
〈撮影地〉青森市中央　2016年5月22日

建物の土台の際に群生するヒメスイバ。円写真は右が雄株の花、左が雌株の花

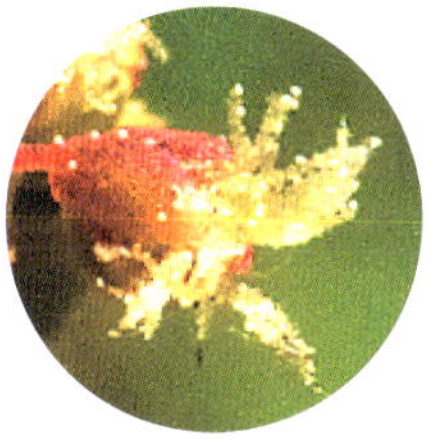

道端や空き地、芝地に普通に見られ、ときに大群落をつくる。青森市内であれば、柳町通りの中央分離帯の芝地が圧巻だ。5月から6月にかけて、芝地はヒメスイバの群落で埋め尽くされる。

そして、群落全体が赤い煙のように見える。直立した茎に多数付ける花が赤い煙の正体だ。

この現実離れした群落を写真に納めよう、と撮影に何度も挑戦したが、赤いもやもやした写真にしかならず、諦めた。

大群落をつくる要因は、根が地下で横に走り、そのどの部分からも密な間隔で芽を出し、あっという間に繁殖することによる。

ヨーロッパ原産。日本には明治時代初期に入り、全国に広まった。雌雄異株で、雄株には雄花だけ、雌株には雌花しかつけない。

スイバ（酸い葉）に似て小型だからヒメスイバ。図鑑には「スイバ同様、ヒメスイバも葉をかじると酸っぱい味がする」と書かれている。しかし、じっさいにかじってみると、酸は感じられず、えぐみと渋みが強かった。わたくしの舌が変なのか。

（2018年3月13日）

ミチヤナギ

タデ科　ミチヤナギ属
〈撮影地〉青森市本町　2017年6月11日

道端が大好きなミチヤナギ。アスファルトや歩道ブロックの隙間からも平気で生える。円写真は花

植物の名が変わることは、珍しいことではない。ミチヤナギもそうだった。牧野日本植物図鑑（1940年）では、ニワヤナギ（一名ミチヤナギ）という名がつけられていた。それが、新牧野日本植物図鑑（2008年）ではミチヤナギ（ニワヤナギ）と表記された。そのほかの図鑑も今はミチヤナギで統一されている。

名の通り、日当たりの良い道端に生え、ヤナギのような細い葉をつける。本当に道端が好きで、草むらの中で姿を見ることはまずない。アスファルトや歩道ブロックの隙間からも、平気で生える。

踏みつけにも抜群の強さを発揮する。道端に生えるから、車のタイヤの下になるケースが多い。それでもへこたれることなく、タイヤ圧でぼろぼろになった葉をつけ、立っている。

このように、庭よりも道端の方が圧倒的に目につく機会が多い。だから、最初、ニワヤナギ（庭柳）だった名が、ごく自然にミチヤナギに置き換わったのだろう。

日本全国で見られる在来種だが、稲作に伴い入った史前帰化植物との説も。葉の付け根に咲く花は極小。が、白い縁取りの緑色の花は、驚くほど美しい。

（2017年12月12日）

ゼニバアオイ

アオイ科　ゼニアオイ属
〈撮影地〉青森市港町　２０１６年5月18日

青森市港町の塀と歩道の隙間にゼニバアオイを見つけた。しかし、気に入った写真がなかなか撮れない。そのうち、刈り取られてしまった。その後、青森市堤町の空き地でゼニバアオイを見つけたが、劣悪環境のせいか、あまりにも小さく、写真に向かない。2年後、港町で再び見つけた。今度は茎を歩道にのばし、元気よく這《は》っていた。やっと写真が撮れた。

アオイ科の植物というと、ハイビスカス、ムクゲ、フヨウなど大きくて豪華な花をつけるものが多いが、同じアオイ科植物でもゼニバアオイの花は約2㌢と小さい。ゼニバは、丸い葉を銭に見立てて名づけられた。アオイは、葉が太陽を向く性質があり「仰日《あおぐひ》」が名の由来という説がある。

ユーラシア大陸原産。北米や豪州に帰化。日本には戦後、種子が輸入穀物に混じって入ってきたといわれ１９５８（昭和33）年、東京都小石川植物園で野生化したものが見つかった。その後、全国に分布を広げ、市街地の道端や空き地などで見られる。

アオイというと連想ゲームのように、徳川家の家紋・三つ葉葵《あおい》をおもい浮かべる。が、この紋はウマノスズクサ科のフタバアオイの葉をデザイン化したもの。ウマノスズクサ科のフタバアオイとゼニバアオイなどアオイ科の植物は、名にアオイがあるものの、全く違うグループの植物なのである。

アスファルト歩道を這うゼニバアオイ。丸い葉を銭に見立て、名づけられた。円写真は花

（２０１８年5月15日）

ヒレハリソウ

ムラサキ科　ヒレハリソウ属
〈撮影地〉青森市港町　２０１６年５月18日

街路樹の植樹枡に群落をつくるヒレハリソウ。かつては健康食品としてもてはやされた。円写真は花

子どものころ、母親が「これはコンフリーといって身体にいいんだ」と言い、その葉の天ぷらを食卓に乗せた。くせのない味だった。母親は家の敷地に植えたが、食べるのはすぐ飽きたようで、以後はもっぱら花を楽しんでいた。かなり繁殖力がある植物で、実家を処分するまでの約50年間、毎年生え続けた。

このコンフリーは英名で、和名はヒレハリソウ（鰭玻璃草）。葉柄にヒレがあり、この植物の白花を、ハリソウ（白花のルリソウ）に見立て、名づけられた。

ヨーロッパ原産。明治時代に一時、薬用や野菜として導入されたが、１９６５年ごろから健康食品として大ブームになり、各家庭で栽培、これが野生化した。青森市内では、空き地、街路樹の植樹枡《ます》などに、その名残の群落が見られる。

健康食品として人気を集めたヒレハリソウだが、厚生労働省は２００４年、海外で肝障害を起こすという報告が多数ある、と注意を促し、食品としての販売を禁止した。健康食品が一転、有害食品になるとは、母親も草葉の陰でさぞ驚いていることだろう。

ところで、日本で現在見られるヒレハリソウの大部分は、ヒレハリソウとオオハリソウとの雑種という報告がある。

（２０１８年２月13日）

アスファルト歩道の隙間から生え、花を咲かせるニワゼキショウ。円写真は花と種子

ニワゼキショウ

アヤメ科　ニワゼキショウ属

〈撮影地〉青森市合浦　２０１８年5月26日

２０１７年の秋、アスファルト歩道の隙間に、枯れた草が小群落状態で立っていたのを見つけた。茎のてっぺんではなく、上部途中に種子を付けている。この特徴は間違いなくイグサの仲間だとおもった。が、枯れた状態では名の判別はできない。翌年の花期を待った。

２０１８年5月下旬、同じ場所に行ってみたら、その群落は、なんと薄紫色の花を咲かせていた。イグサの仲間はこんな花を付けない。いったいこの植物は？　キツネにつままれたおもいだった。

調べてもらったらニワゼキショウ。イグサの仲間ではなく、アヤメの仲間だった。北アメリカ原産。日本には明治20（１８８７）年ごろ渡来、芝地や空き地など日当たりの良い場所に生えている。同じ季節、八戸市の中心街・番町の道端でも、わずかに露出した土に、小さな群落をつくっているのを見た。

漢字で書くと庭石菖。葉が石菖（セキショウ）に似て庭先に生えることが名の由来。中国では、石菖は菖蒲の別名である。日本ではショウブ湯で知られる植物に菖蒲の字を当てているが、中国ではいわゆるショウブを白菖としている。

ヒナマツヨイグサ

アカバナ科　マツヨイグサ属
〈撮影地〉弘前市紺屋町　２０１４年5月25日

マツヨイグサの仲間のうち、日中に花を咲かせるヒナマツヨイグサ。円写真は花

母が施設に入り、実家が空き家状態となって2年半。5月の下旬、実家に行ってみたら、敷地に小さな黄色い花が数株咲いていた。ヒナマツヨイグサだった。

母は山に咲く植物、路傍の植物を問わず、野の花が好きだった。実家の広い敷地の草むしりに精を出していたが、取るのはスギナ、ヨモギなど。かわいい花を咲かせるコナスビなどは取らずに残していた。

当然、ヒナマツヨイグサは取らずに残す対象のはずだったが、それまでわたくしは、本種を実家で見たことがなかった。ということは、空き家状態になってから初めて、どこからか種が飛んできて小さな群落をつくったものとおもわれる。

北アメリカ原産。日本では１９４９年、群馬県で初めて見つかった。日本への渡来からだいぶたってはいるが、津軽植物の会の木村啓会長によると「青森県内の分布は極めて少なく、私は十三地区（五所川原市）で数株確認しただけ」とのこと。

夜に花を咲かせるメマツヨイグサなどと近縁だが、ヒナマツヨイグサの花は日中に開く。ヒナは「小さい」をあらわす。

この花を見つけたのなら母はきっとわたくしに、名をたずねたに違いない。が、母はヒナマツヨイグサを見ることなく亡くなった。

（２０１６年1月19日）

カラスビシャク

別名・ハンゲ　サトイモ科　ハンゲ属
〈撮影地〉青森市長島　２０１４年５月24日

ウラシマソウやコウライテンナンショウなどヘビが鎌首を持ち上げているような草姿を見ると、植物とはおもえない異形に軽く興奮する。

このカラスビシャク（烏柄杓）に対しても同様に反応するが、小さいうえ、たくさん生えているから、わたくしの興奮度はかなり低い。いま挙げた３種の植物は、いずれもサトイモの仲間である。

全国に分布する日本在来種で繁殖力が強く、畑に侵入すると駆除が難しいため嫌われている。青森市柳町通りの植樹枡《ます》には防草シートが敷かれているが、初夏になれば、ものともせず、その隙間からたくさん生えてくる。

ヘビの鎌首のように見える部分は仏炎包といい、葉が変化したものだ。これをさかさまにした形を、ひしゃくに見立て、人間が使うには小さいからカラスが使うひしゃく、というのが名の由来だ。

別名ハンゲ（半夏）ともいう。この植物の球根が漢方薬で半夏ということによる。農家が草取りのついでに球根を集め、漢方薬として売ったことから、副収入になったといわれ、それゆえ昔は、カラスビシャクのことをヘソクリという別名で呼んだ、という。

写真のカラスビシャクは、飲食店の前の、旗を立てる土台石から生えていたところを撮影した。数日後、再び行ったら、土台石に旗が建てられていた。旗には「おいしい定食」と大書。カラスビシャクは見当たらなかった。

（２０１６年５月31日）

ヘビの頭のような形をしているカラスビシャク。歩道ブロックの隙間などでも見られる

カタバミ

カタバミ科　カタバミ属
〈撮影地〉青森市新町　2015年6月2日

まだ若かったころ、アパートの庭先にカタバミの花が1輪咲いた。大好きな野草のひとつなので喜んでいたら、無情にも隣の奥さまに引っこ抜かれた。「ウチに種が飛んでくると困る」。以来、心に決めた。家を持ったら、庭でカタバミの花を楽しもう、と。今、拙宅の庭は、自然に増殖したカタバミが広がっている。

日本在来種だが、道端、庭、空き地など帰化植物と競合するいたるところで、しっかりと生えている。また、アスファルト歩道やコンクリート道の隙間にもしっかり根を張る。かわいらしい花とは裏腹に、なかなか強く、そしてしぶとい。

漢字で書くと傍食。夜、睡眠運動で葉を90度下に折ったとき、隣の葉と裏同士がぴったり重なり、片方の葉が食われて欠けたように見えることが名の由来。

ハート形の葉が3枚1組に見えるさまはデザイン的になかなか優れ、ゆえに各種家紋に使われている。一度根付くと絶やすことが難しい強さが好まれたのだろうか。

青森県内では、お年寄りが仏具をカタバミの葉で磨いたものだ、という。試しに、汚れた10円玉をカタバミの葉で磨いてみた。すると、たちまちぴかぴかに。これは、葉の中に含まれているシュウ酸の働きによるものだ。日本在来種だが、麦栽培に伴って入ってきた史前帰化植物とする説がある。

（2015年7月21日）

アスファルト歩道の隙間に生えるカタバミ。日本在来種とはおもえない強さがある。円写真は花

オッタチカタバミ

カタバミ科　カタバミ属

〈撮影地〉青森市本町　２０１７年５月20日

オッタチカタバミ。この名を初めて知ったときの驚きったらなかった。植物学者はずいぶん頭がやわらかいなあ、と。チビオオキノコという小さいのか大きいのか、マニア以外の人には分からない昆虫の命名とは違い、実に分かりやすい。

その名の通り、茎が直立するため、草姿がミニチュアの木のように見える。一方、在来のカタバミは茎が地表を這《は》い、横に広がる。今、この両者が市街地の道端で、激しいせめぎ合いを展開している。

オッタチカタバミは北アメリカ原産。京都府相楽郡精華町で１９６２年に初めて見つかった。第２次世界大戦後、日本に駐留したアメリカ軍の荷物に種子が付いてきた、という説があるが、はっきりしたことは分かっていない。

２００１年に発刊された日本帰化植物写真図鑑には「関東北部以西の道端などに時折発生する」と書かれているが、この本が出たあたりから全国で分布を広げている。

青森県内では２０００年過ぎから見られるようになり、急激に増えている。青森市桂木にある、わたくしの自宅敷地でも、これまでは全部カタバミだったが、５年ほど前にオッタチカタバミが侵入。姿が面白いので、刈らずにそのままにしていたらどんどん増え、先住のカタバミと一進一退の攻防を繰り広げている。

アスファルト道の隙間から生えるオッタチカタバミ。ここ数年、急激に増えてきた感がある。円写真は花

ウマノアシガタ

キンポウゲ科　キンポウゲ属
〈撮影地〉青森市桂木　2015年5月24日

子どものころからずっと、この花をキンポウゲだとおもい込んでいた。それが、60歳を超えてからウマノアシガタと知ったときの驚きったらなかった。花の美しさとは似ても似つかない珍妙な名に、それこそ呆《ぼう》然としたものだった。

日本在来種で、里山のイメージが強い植物だが、市街地でも都市公園や空き地などで散見される。ウマノアシガタを含むキンポウゲ科の分類は難しく、学者によって見解が異なる場合があるが、今はウマノアシガタとキンポウゲは別種とする学者が大半という。見分け方を分かりやすく言えば、花が一重なのがウマノアシガタ、八重がキンポウゲだ。

さて、なぜウマノアシガタ（馬の足形）という名がついたのだろうか。図鑑によっては「花が馬のわらじに似ているから」「根元の葉が5つに裂けているが、遠くから見ると円形に見えるから」と見解が異なる。いずれも後から考えたような苦しい解釈で説得力に乏しい。

世界有用植物事典（1989年）が「鳥という字を馬と書き間違えたためといわれている」との説を紹介しているのには笑ってしまった。科学の世界での〝珍事〟だ。5つに裂けた葉はたしかに鳥の足形に見えなくもない。

都市公園に生えるウマノアシガタ。花姿と名の乖離が大き過ぎる。円写真は花と果実

ヤマキツネノボタン

広義名・キツネノボタン　キンポウゲ科　キンポウゲ属
〈撮影地〉青森市緑

人里近い林道の、薄暗く湿った道端に普通に生えている。里山～低山地のイメージが強いヤマキツネノボタンが、大型ショッピングセンター入り口前の側溝に小群落をつくっていたのには驚かされた。いくら湿った場所が好きでも市街地の側溝とは！　植物はときとして、人知の及ばない生え方をする。

広義ではキツネノボタンだが、キツネノボタンは無毛であることに対し、ヤマキツネノボタンの茎に伏した白毛があることなどで見分けられる。青森県内の個体はすべてヤマキツネノボタンだ。

金平糖《コンペイトー》に似た実が印象的。わたくしは長らく名の意味を〝狐の釦《ボタン》〟とおもい込んでいた。つまり、実をキツネさんが着る洋服のボタンと勝手に例え、それを勝手に信じていたのだった。

が、残念ながら違っていた。牧野日本植物図鑑は、名の由来を「野に生えて葉が牡丹《ボタン》のようだから」と説明。これを知ってがっかりした。キツネノボタンのノボタンは野牡丹というわけだ。では、なぜキツネなのだろうか。諸説ある中から「葉は牡丹のようだが、花が牡丹と全然違うので、キツネに化かされたみたい。だからキツネ」という説を支持したい。でも、あらためておもう。狐野牡丹より〝狐の釦〟の方が絶対に素敵だな。

大型ショッピングセンターの側溝から生えるヤマキツネノボタン。円写真は花と果実

オオヤマオダマキ

キンポウゲ科 オダマキ属
〈撮影地〉青森市青柳 2014年5月31日

おもわぬ場所に姿を現す、意外性のある植物だ。ある年、弘前市紺屋町の実家の生け垣の下で、突然一株が花を咲かせた。青森市本町のビルとマンションの間の空き地では大群落。そしてアスファルト道やコンクリートの隙間にも。

オダマキの種類は多く、見分けが難しい。そのうち、東北・北海道の山地の道端に普通に見られるのが、このオオヤマオダマキ。日本在来種で、距（きょ。花の後ろの突起）が内側に強く巻き込むのが特徴だ。

漢字表記は大山苧環で、苧環は紡いだ麻糸を空洞の玉のように巻いたものをいう。花が筒状で、糸巻きの芯のように見えることから、名に苧環を与えられた。

糸巻きの苧環は、伊勢物語と吾妻鏡に出てくる古い言葉。吾妻鏡では、源義経が愛する静御前が、源頼朝の前で舞を強要されたとき「しづやしづ しづのをだまき繰り返し 昔を今に なすよしもがな」とうたい、頼朝を激怒させた。意味は「静よ静よと繰り返し私の名を呼んでくださったあの昔のように懐かしい判官様の時めく世に今一度したいものよ」（新編日本古典文学全集 義経記）。

この歌は、伊勢物語第32段に載っている歌の上の句5文字「いにしへの」を「しづやしづ」に置き換えただけで、あとは同じ。白拍子だった静御前の教養の高さを伺わせるのに十分な逸話である。

（2019年3月5日）

コンクリート縁石の隙間から生えるオオヤマオダマキ。円写真は横から見た花。距が内側に巻き込んでいるのが分かる

ムラサキツユクサ

ツユクサ科　ムラサキツユクサ属
〈撮影地〉八戸市内丸　2018年5月27日

塀際から生えるムラサキツユクサ。高校生物の授業での、細胞観察の定番植物だ。円写真は花

道端でムラサキツユクサが花を咲かせているのを見ると、高校時代の生物の授業をおもいだす。ムラサキツユクサの葉の表面の薄皮をむき、顕微鏡で細胞を観察、それをスケッチするという課題。細胞がどのように見え、どのように描いたのか記憶はまったく残っていないが、その行為だけははっきりと覚えている。

さらに覚えているのは、生物実験室から外を見たら、ムラサキツユクサが群落をつくっていたことだった。そのときは、お手軽な実験材料だな、とおもったものだが、それは違っていた。ムラサキツユクサは細胞壁、核、気孔がはっきり観察できることから、細胞観察の定番植物だったのだ。高校は、そこに生えている植物を安直に授業に使ったのではなく、授業の材料を育てていたのだった。

北アメリカ原産。明治時代初めのころ、観賞用として導入され、今も庭などで広く植えられている。それが野生化し、道端や緑地帯、それにアスファルトの隙間など劣悪な場所でもたくましく花を咲かせている。

花びらをつぶし、水を加えるときれいな色水に。青森県や全国の子どもたちは、この遊びに夢中になったものだった。

（2018年11月6日）

シロツメクサ

別名・クローバー　マメ科　シャジクソウ属
〈撮影地〉青森市桂木　２０１６年６月12日

歩道の植樹枡を埋めるシロツメクサ。円写真は花穂。小さな花がたくさん集まっている

子どものころ、身近な空き地は一面、クローバーと呼ばれるシロツメクサで占められていた。さまざまな遊びに飽きると、この花を摘んで編み上げ、冠づくりに夢中になった。それにも飽きると、幸せを招くとされる四つ葉探しに一生懸命になった。むせかえるようなシロツメクサの花の香りは、子ども時代のなつかしい香りでもあった。

漢字で書くと白詰草。江戸時代、欧州から物を送るときの緩衝材に使われた。弘化３（１８４６）年ごろ、オランダ国王から徳川将軍家に贈られたガラス器と一緒に、シロツメクサの干し草がパッキングとして詰められていた、と伝えられている。最初はオランダゲンゲ（レンゲ）と呼ばれていたが、白い花の詰め草という意味のシロツメクサと名づけられた。

明治時代に入ってから牧草として導入され、その後、全国で野生化した。ヨーロッパ、北アフリカからアジアにかけての温暖な地域の原産。

葉が３枚なことから、津軽地方での昔の呼び名はミツバ。食糧難の戦時中、食用にするためウサギを飼育する家庭が多かった。ウサギの餌は手近な場所に生えているシロツメクサ。餌を集めるのは子どもたちの役目だった。

（２０１７年１月10日）

ムラサキツメクサ

マメ科　シャジクソウ属
〈撮影地〉青森市本町　2016年6月7日

街路樹の植樹枡に生えるムラサキツメクサ。昔の子どもたちは、この花の蜜をおやつ代わりに吸ったものだった。円写真は花

子どものころ、遊び場は近所の原っぱだった。そこで缶けりや陣取り、ゴム跳びなどで遊んだものだった。遊び疲れると、ムラサキツメクサの花をむしり、花の根元の蜜をちゅーちゅー吸った。上品な甘い味。子どもたちにとって最高のおやつだった。

ヨーロッパ原産。オランダが16世紀の初めに牧草としてムラサキツメクサの栽培を始め、ヨーロッパ全域に栽培が普及したのは18世紀。日本には18世紀にオランダから伝わった。ただしこのときは、大事な輸出品の破損を防ぐためにこの草が詰められていたものとみられる。だから、ツメクサ（詰め草）。今の言葉でいうと、さしずめパッキング。

牧草として日本に入ったのは明治時代の初め。アメリカからだった。タンパク質が豊富な優れた牧草だったため、すぐ各地に広がった。青刈りして家畜に与えたり、干し草やサイレージ（発酵飼料）に利用された。それが野生化し、今では道端、空き地などに普通に見られる。

最初の名がムラサキツメクサ。が、ほどなくアカツメクサとも呼ばれるようになった。デンマークでは、マーガレットとともに本種が国花とされている。

（2018年1月30日）

コメツブツメクサ

マメ科　シャジクソウ属
〈撮影地〉青森市浜田　２０１４年５月31日

歩道の緑地帯に群落をつくるコメツブツメクサ。円写真は花

　そこにあるのに、関心がなければ見えない、ということは、世間でよくあることだ。わたくしにとって、この植物がそれだった。

　「あおもり　まち野草」を企画してから、目を皿のようにして、植物を探しながら街を歩き回った。こうしてこの植物を初めて見たのは、弘前市運動公園の芝地。青森市第二問屋町の芝地にもたくさん見られた。そして極め付けは、青森市浜田の歩道緑地帯。一面の群落に圧倒された。これらの場所ではおそらく、毎年見ていたのだろうが、見る意識が無いので目に入らなかったのだろう。気づかなかったのには理由がある。花も葉も非常に小さいのだ。だから米粒という名がついた。

　ヨーロッパから西アジアにかけての原産。南北アメリカ、オーストラリア、アジアに広く帰化している。日本では、１９３６年に東京で記録されたが、大正時代初期にはすでに日本に侵入していた、といわれている。

　北海道から九州まで見られ、とくに日当たりの良い芝地に生え、ときとして大群落をつくる。シロツメクサ（クローバー）と花の形や、葉がそっくりだ。

（２０１６年５月10日）

ミヤコグサ

マメ科　ミヤコグサ属
〈撮影地〉青森市港町　2015年6月18日

空き地の縁に咲くミヤコグサ。円写真は花

いかにもマメ科植物、とおもわせる、ぷっくりとした花を咲かせる。そのかわいい姿を好ましくおもう人が多い。日当たりの良い道端や空き地に小さな群落をつくる。が、青森市港町の広い空き地や、青森自動車道の土手にある大群落が一斉に花を咲かせる光景は、なかなか壮観なものがある。

日本在来種だが、麦作に伴い日本に入ってきた史前帰化植物とする説もある。

名の由来は、その昔、京都市耳塚の辺りに多く咲いていたため都草と名づけられた、という説が一般的。このほか、薬草名の脈根草（みゃっこんぐさ）と呼ばれていたものが転訛《てんか》し、ミヤコグサになった、という説もある。

なんの変哲もない植物ではあるが今、マメ科のモデル植物としての遺伝子研究が関心を集めている。それは、発芽から開花までのライフサイクルが2カ月と短いこと、ゲノム（すべての遺伝情報）サイズが小さいことなどから、ゲノム構造解析の研究がしやすいことによる。

ミヤコグサの遺伝子研究はまだ日が浅いが、大豆などマメ科作物の品種改良のスピードを格段に速められるのではないか、と応用面でも期待されている。

（2017年11月21日）

ノゲシ

別名・ハルノノゲシ　キク科　ノゲシ属
〈撮影地〉青森市安方　2016年5月22日

葉がケシに似て、野に生えるのでノゲシ。別名ハルノノゲシという。春に花を咲かせるから、が名の由来。が、じっさいは夏まで花を咲かせる。日本在来種で、全国の道端や空き地、街角、野原、荒れ地などに普通に生えている。

同じグループのオニノゲシと非常によく似ている。専門家から「葉の縁のトゲに手で触れてみて痛いのがオニノゲシ、やわらかくて痛くないのがノゲシだ」と教わったが、なんとも感覚的で、じっさいに現物を見ても違いがよく分からないケースがしばしばある。それでも、両種を何回も見ているうちに、なんとなく違いが分かるようになった。

知識を得てから、あらためて観察してみると、市街地で圧倒的に多く見られるのがオニノゲシで、ノゲシは所々で見られるだけ。アスファルトの隙間や空き地にぽつんと生えている。

ところが、青森市安方の空き地で、仰天光景を目にした。空き地の三方の縁に、ノゲシがびっしり大群落をつくっていたのだ。試しに株の数を数えてみたが、あまりにも多く、きりがないので200株を数えたところでやめた。

群落の撮影を試みたが、株が多すぎて写真を見ても何がなんだかさっぱり分からない。結局、同じ空き地の中央部に単独で生えていたノゲシの写真を使用した。

空き地で花を咲かせるノゲシ。この空き地の三方の縁に200株以上の大群落をつくっていた。円写真は花

（2017年2月7日）

オニノゲシ

キク科　ノゲシ属
〈撮影地〉青森市新町　2017年5月24日

ヨーロッパ原産の帰化植物。日本では1892（明治25）年、東京で見つかったのが初記録。今では全国に分布、青森県内でも道端や空き地などに普通に生えている。

日本在来種のノゲシに似て、葉の縁にトゲがたくさん付いていることから、鬼ノゲシである。植物の名の場合、大きいことやトゲがたくさんある状態をオニで表現することが多い。ちなみにノゲシは、葉がケシに似て、野に生える、という意味である。

オニノゲシとノゲシは非常によく似ている。研究者によると「トゲに手で触れて痛いのがオニノゲシ、やわらかくて痛くないのがノゲシ。これが一番分かりやすい見分け方だ」。試しにわたくしもやってみた。なるほどオニノゲシのトゲは痛く、ノゲシはそうではなかった。青森県内の場合、圧倒的にオニノゲシの方が多い。

しかし、オニノゲシとノゲシの関係は微妙なものがあり、どちらともつかない場合もある。その中間型をわが国植物学の祖・牧野富太郎はアイノゲシ（合野芥子）と命名した。青森市柳町通りの緑地帯でもアイノゲシが見られる。

しかし、新牧野日本植物図鑑（2008年）は「アイノゲシはオニノゲシの1型と考えられる」と原著者の考えを訂正した。植物の分類は、その時々の判断で揺れ動く。

（2018年4月3日）

青森市新町通りの歩道の脇に生えるオニノゲシ。市街地の随所で見られる。円写真は花

イヌカミツレ

キク科　シカギク属
〈撮影地〉青森市本町　2015年5月18日

青森市柳町通りの広い歩道。植樹枡《ます》に敷かれた防草シートの隙間から、見慣れない葉が顔をのぞかせた。どんな花を咲かせるのだろう。毎日のように見に行った。草丈がだんだん伸び、やがてつぼみをつけた。そして、晴れ渡ったとき、一気に花を咲かせた。イヌカミツレだった。

ヨーロッパ原産。明治時代中期に日本に侵入、北日本の麦畑に広まり、全国の道端などでも見られるようになった。青森県では戦後、確認された。

イヌカミツレは、薬草として知られるカミツレ（ハーブのカモミールのこと）に似ているが、香りが無く薬用にならない、ということで、役に立たないという意味の「イヌ」が名についた。

カミツレはカミルレともいい、名の由来は、オランダ語でこの植物をｋａｍｉｌｌｅ（カーミレ）ということに由来する、と伝えられている。当時の学者がこれをローマ字的に読んでカミルレ。またはカミッレと読んだが、昔は促音「っ」を大きな字で書くことが多かったためカミツレと表記し、それが広まった、という説がある。

もっと良い写真を撮るため、花が咲いてからも観察を続けようとしたが、イヌカミツレは間もなく刈り取られてしまった。「あおもり　まち野草」の取材期間中、この草刈りに悩まされ続けた。

（2016年1月26日）

歩道の防草シートの隙間から生えるイヌカミツレ。円写真は花

ナツシロギク

キク科　ヨモギギク属
〈撮影地〉青森市緑　2018年6月28日

この植物を野生状態で見た最初は、青森市新町でだった。イベント会場通用口付近の小路。アスファルト道の隙間から生え、つぼみをつけた。毎日観察を続け、かわいい花を数輪つけた。かなりのつぼみを付けていたので、満開になったら写真を撮ろう、とおもっていたが、撮る前に誰かにちょん切られた。

次に見たのは同市緑の歩道に設置された植樹枡《ます》で。同じ並びの植樹枡には生えていないのに、そこ一カ所だけに満開状態の花を咲かせていた。見ると、そこの枡はきれいに草刈りされ、本種だけが残っていた。地域の人たちが愛《め》でていることがよく分かる。帰化植物でも、きれいだったりかわいければ、本種やコゴメバオトギリのように地域の人々に愛される。

東ヨーロッパ～アジア西南部の原産。今では、全ヨーロッパや北アメリカなどで野生化している。ヨーロッパでは、薬用と観賞を兼ね、古くから、庭に植えられてきた植物、という。中でも、薬用面での利用が多く、強い芳香がある葉を煎じて飲めば、解熱効果があるといわれている。抗炎症剤として使われた、との2000年以上前の文書記録もあるという。

英語名はFeverfew。Feverは熱、fewは少ない。解熱剤の意味だ。現在、本種のエキスを使ったサプリメントが販売されている。園芸業界では、マトリカリアと旧学名（属名）でよぶことが多い。

植樹枡で満開状態の花を咲かせるナツシロギク。観賞用のほか、薬用に使われてきた長い歴史がある。円写真は花

ブタナ

キク科　エゾコウゾリナ属

〈撮影地〉青森市浜田　２０１６年６月19日

大型ショッピングセンターの緑地帯に群落をつくるブタナ。円写真は花

セイヨウタンポポと見間違う植物だ。花茎がタンポポより細く長いこと、花茎がいくつもに分岐することなどで区別できる。

ヨーロッパ原産で、日本全国に帰化している。青森県内では１９８０年ごろから目につくようになり道端、芝地、空き地、民家の庭などいたるところに生え、ときに大群落を形成する。コンクリートの隙間からも平気で生える。

青森市桂木の拙宅の敷地にも侵入、葉が地面にへばりつくように生えるため、刈り取られない。なんとか1株ずつ葉を除去しても、根が残るとすぐに再生する。ここ何年もその繰り返し。非常に厄介な植物だ。

綿毛付きの多数の種子を風に乗せて飛ばす。繁殖力が旺盛なため、環境省は要注意外来生物に指定している。

日本では１９３３（昭和８）年に札幌市で発見、タンポポモドキと名づけられ、翌年には兵庫県六甲山で見つかり、ブタナと命名された。今では、ブタナで名が定着している。

漢字で書くと豚菜。フランス語で「ブタのサラダ」と命名されており、これを訳してブタナだ。英語では葉を猫の耳に見立て、キャッツ・イアといっている。

（２０１８年３月６日）

ウズラバタンポポ

キク科　ヤナギタンポポ属
〈撮影地〉八戸市内丸　２０１８年５月27日

ＪＲ本八戸駅から、なじみのそば屋さんに行こう、と歩いていたとき、空き地にブタナが小群落をつくって花を咲かせていた。ふと、目を下に向けたら、その中に、紫黒色のサイケデリック模様の葉に気づいた。しかも、ブタナと同じような花を咲かせている。草姿もブタナそっくりだ。

観察してみたら、ブタナと混生している。写真の左奥に生えているのがブタナだ。ブタナの葉には模様が無い。隣接する龗《おがみ》神社の外側にも多数生えていた。このときはブタナの個体変異くらいにしかおもわなかったが、調べてもらったら、ウズラバタンポポだった。葉が、家禽《かきん》のウズラの卵の模様に似ているため、鶉葉蒲公英（ウズラバタンポポ）と名づけられた。言われてからあらためて葉を見ると、なるほどウズラの卵模様だ。

ヨーロッパ原産。１９９９年、神奈川県横浜市で初めて確認された極めて新しい帰化植物。２００６年には長野県岡谷市でも見つかり、青森県内では２０１６年、八戸市売市で最初に確認された。

葉の模様が面白いため、インターネット通販や園芸店で売られている。ネット通販は、渡来植物が各地で帰化する新たな拡散経路になる危険性をはらんでいる。

空き地に生えるウズラバタンポポ。葉の模様がウズラの卵のそれとそっくり。円写真は花と葉

コウリンタンポポ

キク科　コウリンタンポポ属
〈撮影地〉青森市浜田　２０１４年６月８日

イトーヨーカドー青森店外周の緑地に群落をつくるコウリンタンポポ。赤い花の群落は目を引く。円写真は花

わが目を疑った。わずか1週間前にはなにも無かったはずなのに、目を刺すような赤い花の群落がそこに広がっていた。イトーヨーカドー青森店外周の緑地。

現実離れした光景に、ぼうぜんと立ち尽くすしかなかった。そして我に返り、カメラを手にした。

コウリンタンポポ。赤い花びらを紅輪（コウリン）と表現、タンポポに似ているので、この名がつけられた。以前は、絵筆菊または絵筆タンポポとも呼ばれていた。長い茎を筆の軸に、そして花は絵具を含ませた筆先に見立てたのだろう。

ヨーロッパ中北部が原産で、北半球の温帯に広く帰化している。日本では明治時代中期、観賞用として入ってきたものが、戦後、北海道・東北地方を中心に分布を広げた。樺太からの引き揚げ者が持ち込んだ、という説もある。

青森県内では１９７０年代あたりからあちこちで見られるようになってきた。今では、ゴルフ場など人手で管理されている芝緑地などに普通に生えている。

写真を撮影したのは２０１４年の６月上旬。翌年、同時季に見に行ったらびっくり。緑地はきれいに草刈りされたあとで、本種は１本も生えていなかった。

（２０１５年６月16日）

アスファルト歩道と縁石の隙間に根を張り、一列縦隊になって花を咲かせるフランスギク

フランスギク

キク科　フランスギク属
〈撮影地〉青森市桂木　２０１６年５月28日

長い間、この植物をマーガレットだとおもい込んでいた。が、両者はまったく別の植物だ。マーガレットは茎が木質化し葉の切れ込みが大きい。日本では暖かい地方で栽培されている。これに対しフランスギクは茎が木質化せず、葉は篦《へら》状で大きな切れ込みが無い。全国に分布するが、とくに北日本に多い。

本種はヨーロッパ原産で、江戸時代末期に、園芸植物として日本に入ってきた。フランスのパリ郊外に多く生えていたことから、この名がつけられた。

見栄えがするので、各家庭では好んで庭に植えた。わたくしが子どものころは、わが家はもとより、各家庭の多くが、この植物を栽培していたものだった。これが野生化し、今では道端や空き地などで普通に見られる。

研究者によると１９８０年ごろから急に目立つようになったとのこと。この急激な増加は、道路の路肩の土どめにフランスギクの種をまいたのが原因でないか、といわれている。

清楚《せいそ》な印象を受ける花だが、ヒメマルカツオブシムシという小さな虫が花に多数集まる。この虫は家の中に忍び込み、幼虫は毛織物を食べて育つ。わたくしは昔、この幼虫のせいで、セーターやジャケットなどに穴を空けられ駄目にしたことがある。清楚ではあるが、油断のできない花である。

（２０１８年３月27日）

ヒメジョオン

キク科　ムカシヨモギ属
〈撮影地〉青森市新町　2017年6月29日

青森県内で、よく目につく野草の一つである。市街地でも、道端や空き地などさまざまな場所に生え、おなじみの植物だ。

北アメリカ原産。江戸時代末に、観賞用植物として入ってきた。その当時はヤナギバヒメギク（柳葉姫菊）の名で呼ばれていたが、旺盛な繁殖力のため、またたく間に全国に広まった。とくに、鉄道の線路沿いに広がったことから、ヒメムカシヨモギとともに鉄道草と呼ばれたりもした。青森県内にも、明治時代に入ったものとみられている。

ヒメジョオンは、受粉しなくても種子をつくることができる。そして、種子の寿命は35年、1株当たり5万個近くの種子を生産する、という報告もある。繁殖力が強いのも当然だ。環境省は外来生物法で要注意外来生物に指定、日本生態学会は日本の侵略的外来種ワースト100に選んでいる。

ハルジオン（春紫苑）とよく似ている。ハルジオンの茎は中空なのに対し、ヒメジョオンの茎には髄が詰まっていることで見分けられる。このほかいくつかの見分け方があるが、茎が中空か否かが、初心者にも分かる決定的違いだ。

ヒメジョオンは漢字で書くと姫女苑。女苑は、中国産の野草の意味、姫は小さいという意味をあらわす。しかし、名の由来ははっきりせず、他の説もある。

アスファルト歩道の隙間から生えるヒメジョオン。市街地で多く見られる植物の一つだ。円写真は花

（2018年2月6日）

ハナニガナ

別名・オオバナニガナ　キク科　ニガナ属
〈撮影地〉青森市桂木　2016年6月5日

青森市午砲台公園の築山に群落をつくるハナニガナ。茎を折ってにじみ出る乳液は、かなり苦い。これが名の由来。円写真は花

　里山の道端に小さな集団をつくって生えている、というイメージが強い植物である。最近では烏帽子岳（野辺地町）の登山口や月見野森林公園（青森市）の遊歩道沿いで群落を見た。そして、写真のように市街地の都市公園でも花を咲かせている。

　青森県内の同じような環境にニガナとハナニガナ（別名オオバナニガナ）が共存しているが、ハナニガナの方が断然多い。ともに日本在来種。

　ニガナ類の茎を折ると、白い乳液がにじみ出る。これをなめてみると、非常に苦い。だから苦菜（ニガナ）だ。ニガナの舌状花（花びらのように見えるもの）は5枚前後、ハナニガナは8枚前後。舌状花が多いのでハナニガナだ。

　ニガナもハナニガナも普通に見られる植物だが、「雑草は軽やかに進化する」（藤島弘純著）によると、「ニガナやハナニガナは、地球が寒冷だった時期（第四紀最終氷期、約2万年前に終了）を生き抜いた植物」とのこと。染色体を研究した結果、この結論に達した、という。市街地に、悠久のロマンを感じさせる植物が生えているとは！

　ニガナの仲間は種類が非常に多く、分類は学者によって違う見方がされる。

（2018年6月19日）

オオジシバリ

キク科　ニガナ属
〈撮影地〉青森市長島　2017年6月3日

青森市柳町通りの中央分離緑地帯に群落をつくるオオジシバリ。地面に張りつくように生える。円写真は花

タンポポに似ているが、タンポポのように茎が上に長く伸びることはなく、地面に近い位置に花を咲かせる。

オオジシバリとは異な名で、大きいジシバリという意味。ジシバリもオオジシバリも、地表近くに茎を縦横に這《は》わせ、茎の節から葉や根を出して群落を広げていく。茎を縦横に這わせる状況を、地面を縛ることに見立て、地縛り（ジシバリ）との名がつけられた。古くは、江戸時代の百科事典・和漢三才図会にその名がある。江戸時代の植物学者の妄想とも言うべき、想像を絶する命名だ。

恥ずかしながらわたくしは今の今まで、この植物の名をオオジバシリ（大地走り）とおもい込んでいた。横に勢力を広げるから、地面を走るイメージを持っていたのだ。正しい名を知ったときの驚きったらなかった。

日本在来種で、全国のあぜ道など湿った場所に生える。青森市街地では柳町の中央分離緑地で見られる。ここは年に3～4回、草刈りが入るが、地面に貼りついているため草刈りのダメージはすくないようで、毎年群落をつくる。

青森県内では同じ環境にジシバリとオオジシバリが見られる。

（2018年6月5日）

ジシバリ

別名・イワニガナ　キク科　ニガナ属
〈撮影地〉八戸市内丸　2018年9月12日

コンクリートの隙間に根を張り、花を咲かせるジシバリ。乾いた場所を苦にしないという。円写真は花と葉

青森市の柳町で毎年、オオジシバリの花を見てきた。オオジシバリがあるということは、名の元になったジシバリがあるということだ。普通種だが、市街地で探すとなるとなかなか見つからない。やっと探し当てたのは八戸市で。コンクリートの隙間に根を張っていた。

両種の違いは、オオジシバリの葉が箆《へら》状であるのに対し、ジシバリの葉は卵型であること。花はオオジシバリの直径は約3㌢だが、ジシバリは約2㌢と小さい。

日本全国に分布、在来種とされるが、麦作に伴って渡来した史前帰化植物との説も。オオジシバリ同様、日当たりの良い人里の道端やあぜ道などに自生している。生育環境も花期も両種同じだが、混生することはない。ニガナ（苦菜）、オオジシバリと同じように、葉や茎を切ると白い乳液が出る。これをなめると苦い。

植物体の根元から細いつるを横に伸ばし、所々から葉や根を出す。それぞれの根からまた新たにつるを伸ばす。これを繰り返すとネズミ算のように増える。弱々しく見えるが、実は繁殖力が非常に強い植物なのだ。ジシバリの名の由来は、前ページを参照してください。

コウゾリナ

キク科　コウゾリナ属
〈撮影地〉青森市青葉　2016年6月19日

山野の道端で普通に見られる日本在来種なので、山野草のイメージが強い。しかし、気をつけて見れば、市街地にもけっこう生えている。青森市桂木の午砲台公園や青森港の草地、倉庫の軒下のちょっとしたスペース、そして道端…。さまざまな場所に生え、タンポポに似た花を咲かせる。

名のこうぞりを漢字で書けば顔剃。かみそりのことだ。国語辞典によれば、顔剃と言っているうちに発音が変化し、こうぞりになった、という。そして、食べられる植物という意味の菜をつけ顔剃菜である。

葉や茎に赤褐色の剛毛が生えており、葉の縁や茎に触るとざらざらする。このざらざら感からかみそりをイメージしたのが、名の由来だ。強く肌に当てれば痛いほどだ。わたくしは、本種を見つければ、つい葉の縁を触ってしまうくせがある。

植物の観察会では、茎や葉を顔に当てさせ、かみそりの触感をイメージさせている。こうすれば、覚えが早い。わたくしも名の由来を知ったとき、じっさい触ってみて、なるほどと合点。強く脳裏に刻まれたものだ。

若菜が食用になり美味とか。津軽地方でも昔、若菜をおひたしにして食べたものだ、という。

（2016年6月7日）

道端に生える大きな株のコウゾリナ。円写真は花と茎の剛毛

オニタビラコ

キク科　オニタビラコ属
〈撮影地〉青森市長島　2015年5月24日

築20年以上になる青森市桂木の自宅敷地に、2014年5月、オニタビラコが初めてあらわれた。日本中に分布している普通種だが、初めての〝お客さん〟だったから、刈らずにながめていた。

その結果、年々増え、2018年現在、かなり数の株が広がる。葉が紫色を帯びた褐色なので、すぐ分かる。そろそろ刈らなければならないかな、とおもっているが、面倒なのでそのままにしている。

まっすぐにのびた花茎の先端にタンポポのような小さな花をたくさん付けるユニークな姿。注意して見ると、市街地の道端のそこかしこに生えている。タンポポのように、種を付けた白い綿毛を風に乗せて飛ばすから、わずかな隙間にも根を張ることができる。

タビラコより大きいのでオニタビラコ。植物の名では、大きいものによくオニ（鬼）が付けられる傾向にある。田の地面に貼りつくように葉が放射状に広がっている（ロゼット葉）から、田平子（タビラコ）という。

ややこしいのは、タビラコの標準和名がコオニタビラコ（小鬼田平子）であること。厳密にいうと、タビラコという和名の植物は無いのだ。コオニタビラコの「コオニ」は無駄な名といえそうだ。なお、春の七草に名を連ねるホトケノザは、実はコオニタビラコのこと。ホトケノザは食べられない。

コンクリート台と歩道ブロックとの隙間から生えるオニタビラコ。円写真は花

（2017年6月6日）

ヤネタビラコ

キク科　フタマタタンポポ属

〈撮影地〉青森市浜田　2016年6月19日

少なくとも2014年から3年間、青森市浜田にある青森運輸支局周辺のアスファルト道の隙間でよく見られた植物だ。ブタナと見間違うほどよく似ているが、茎の上部での枝分かれが多く、葉もブタナとは全然違う。わたくしも、一目見たときはブタナとおもっていたが、草姿や葉が違っていたので変におもい、調べてもらった、といういきさつがある。

ヨーロッパ原産。日本では1970年代の中ごろ、関東地方や北海道で見つかり、全国に分布が広がった。青森県内では1990年ごろから見られるようになったが、まだ極めて少ない。

ヤネタビラコ（屋根田平子）のタビラコは、茎の根元の葉が田の地面に貼りつくように放射状に広がることに由来する。もともとはキク科ヤブタビラコ属のコオニタビラコ（別名タビラコ）がタビラコの名を有していたが、違うグループの本種も根元の葉が似ているので、タビラコの名が与えられたのではないだろうか。

ヤネは、世界共通名称の学名に由来するようだ。本種の学名（種名）はCrepis tectorum。種名はラテン語で表記されることになっており、tectorumは「屋根の」という意味。この写真では分からないが、多くの花が同じ高さで一斉に花をつけると、まるで傘のように見える。これが「屋根」の由来ではないか、と個人的におもっている。

アスファルト道の隙間から生えるヤネタビラコ。比較的新しいヨーロッパ原産の帰化植物だ。円写真は花

ナタネタビラコ

キク科　ナタネタンポポ属
〈撮影地〉青森市古川　2014年5月28日

空き店舗の前に、直径1チセンほどの黄色い花をたくさんつけた植物が生えていた。コウゾリナかな？　と最初はおもったが、草姿や葉が違う。はて。調べてもらったら、ナタネタビラコだった。

ヨーロッパ原産の帰化植物。アメリカ、オーストラリア、アジアなどに広く帰化、日本では1959年に神奈川県で見つかったのが最初。

北海道外来種データベース（北海道ブルーリスト）によると、北海道での初報告は1962年。麦畑で見られることから、麦の種子か、あるいは芝生の種子に混入して持ち込まれたものとみられている。「本州では道端や空き地でまれに見かける程度だが、北海道では麦作の害草」（植調雑草大鑑、2015年）との報告がある。

青森県内での記録は、はっきりしていない。2004年に鯵ヶ沢町で確認されたほかは、今回青森市古川で見つかったくらいで、報告例が少ない。前述のように、全国でも散発的な分布状態だ。しかし、1株当たりの種子生産量が400～800個あり、土中での種子の寿命は18年もある、との情報があり、今後は予断を許さない。

名は菜種田平子の意。放射状の根元の葉が地面に張りつくように生えるから田平子。菜種については、セイヨウアブラナ（ナタネ）の葉に似るから、との説がある。たしかに似ていなくもない。

空き店舗の前に生えるナタネタビラコ。北海道では麦作の害草といわれている。円写真は花

ハハコグサ

キク科　ハハコグサ属
〈撮影地〉青森市古川　2015年6月11日

葉も茎もやわらかい毛で覆われているせいだろうか。どことなく懐かしさとやさしさを感じさせる植物だ。日本在来種で、春の七草（オギョウまたはゴギョウ）の一つとして知られる。が、なぜ、ハハコグサ（母子草）という名がついたのだろう。

名の由来は、①株の広がりを「這《は》う子」とみなしハハコに転訛《か》、母子の字を当てた②植物体を覆う綿毛を「ほうけ立つ」とみなし、ホウコグサ→ハハコグサと転訛、母子の字を当てた―など諸説がある。しかし、植物の名の由来を長年研究した深津正さんは自著「植物和名の語源」と共著「世界有用植物事典」で、従来説を論理的に否定、以下のような新たな説を打ち出した。

平安時代の日本で編集された歴史書「日本文徳天皇実録」の嘉祥3（850）年5月の項に「文徳帝の祖母、父が相次いで亡くなったが、この年、田野に母子草が生じないといううわさが流れた。これは両陛下の崩御を予告したものだ」との趣旨の記述がありこの時代、すでに母子草の名が使われていた。

名の由来は深津さんによると、奈良時代に渡来した中国の植物書「新修本草」にある。同書はハハコグサに蘩藩蒿という名を与えており、当時の学者がハンハンコウと読み、いつしかハハコになり母子草になった、という。興味深い説だ。

駐車場のアスファルトとコンクリートの隙間から生えるハハコグサ。円写真は花

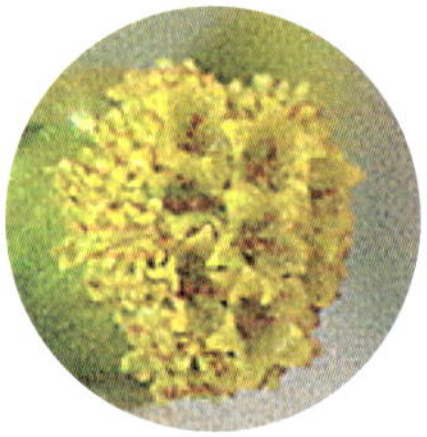

（2016年1月12日）

ヘビイチゴ

バラ科　キジムシロ属
〈撮影地〉八戸市内丸　2018年9月19日

子どものころから、野遊びが好きだったわたくしは、食べられる野のものはたいてい口にしてきた。中でもオレンジ色のモミジイチゴの実は絶品。野のおいしいものの横綱級だと今もおもっている。

これに対し、ヘビイチゴの実には、どうにもこうにも触手が伸びなかった。あの毒々しい色は、毒イチゴに違いない、食べちゃいけないんだ、とわたくしに勝手におもわせてきたからだ。大人になり、無毒だと知ってからも、食べてみる気は起こらなかった。「あおもり　まち野草」の取材で、スベリヒユをおひたしで食べ、スイバの葉をかじり、ハナニガナの乳液をなめ、それぞれの味を確かめてきたが、ヘビイチゴを食べる、という発想はまったく起こらなかった。

津軽植物の会の木村啓会長に味をたずねてみたら「無味。紙をかじったような印象」と食べた感想を話す。味の無いスポンジ、と例える人もいる。

中国名が蛇苺。これを日本語読みしてヘビイチゴと名づけられた。人は食べずヘビが食べるイチゴ、という意味だが、ヘビは肉食なのでヘビイチゴは食べない。日本在来種で、里山の道端、草地などに普通に見られる。キジムシロに似た、花びらが5枚の黄色い花を咲かせる。

語感なのか実の色なのかヘビイチゴは、人の心に触れるナニガシカを持っているようで、「蛇イチゴ」という日本映画が2003年に公開されたり、「へびいちご」という吉本漫才コンビが1990年に結成されている。

空き地の隅で真っ赤な実を付けるヘビイチゴ。食べちゃいけない、と警戒させるような色をしている

ナガハグサ

イネ科　ナガハグサ属

〈撮影地〉青森市本町　２０１６年５月22日

歩道に群落をつくるナガハグサ。アスファルト歩道の隙間に根を張るから一列縦隊になる。円写真は花

５月下旬から６月中旬にかけて、市街地の道端で、一列縦隊の群落をつくっているイネ科植物をよく見かける。その植物は、たいていナガハグサである。この季節、市街地で最も普通に見られるイネ科植物のひとつだ。

一列縦隊には、訳がある。この植物は根茎を横に這《は》わせ、その節から株を出して増える。土の上だと芝のようなマットを形づくる。しかし、アスファルト歩道や車道の隙間は一直線。そこに根を這わせると、一列縦隊のようになる。

ヨーロッパからユーラシアにかけての原産。日本には明治初期に牧草として入ってきて、その後、全国で野生化した。牧草名はケンタッキーブルーグラス。米国ケンタッキー州の放牧地の牧草として著名。だが、現在は、芝草としての利用の方が知られる。

各種図鑑は、葉が特に長いので長葉草の名がついた、という趣旨の説明をしているが、見る限りでは、葉はそれほど長いとはおもえない。幅３ミリほどの非常に細い葉が、茎の下部から生えているので、ナガハよりホソバ（細葉）の方が名にふさわしい。

ナガハグサはカモガヤ同様、花粉症の原因植物として知られる。

（２０１８年５月29日）

コウボウ

イネ科　ハルガヤ属
〈撮影地〉青森市大野　2014年5月24日

市街地の草地でコウボウの群落を見つけた。風の強い日だった。草体が激しく風に揺れ、なかなか写真が撮れない。いちおう数枚はおさえ、後日撮り直すことにした。しかし、再取材を忘れた。これが敗因だった。

翌年の同時季、同じ場所に行ったが、1株も無い。それから4年間、同じ場所で探し続けたが見つからない。数平方メートルの群落とはいえ、根茎を長く這《は》わせて広がる植物なのでせいぜい1～数株だろうから、病気で死滅した可能性もある。しかし、5年前に撮影した写真をじっくり見た結果、違う場所を探していた可能性が強いことが分かった。そして2019年5月5日、辛うじて約10株が生えているのを確認した。

コウボウは草丈30センチほどの日本在来種。小穂が独特な形をしており、光沢がある。全国に分布、里山の原野や道端に普通に見られる。しかし近年、数を減らし、西日本を中心とする13府県がレッドリストに選定している。だが、青森県の分布状況は昔と変わっていないという。

名の由来は、乾燥するとクマリンの芳香がする茅（かや＝イネ科・カヤツリグサ科植物の総称）だから「香茅」（こうぼう）。クマリンは桜餅の香りだ。

北欧では昔、キリスト教徒の祭日に教会の周りにこの草をまく習慣があった。これに由来し、英名はHoly Grass（聖なる草）という。

草地に群落をつくるコウボウ。円写真は小穂の集まりと花

白い穂を優美になびかせるチガヤ。円写真は花

チガヤ

イネ科　チガヤ属
〈撮影地〉青森市青葉　2014年5月31日

5月。青森市内の草地に、動物のしっぽをおもわせる白くやわらかな穂が立ち並ぶ。風になびく姿は、なかなか風雅。一斉に穂が出るため、こつ然とあらわれる、とのおもいを強くする。草地ばかりでなく、空き地、土手のほか、アスファルト道の隙間にも根を張る。日本在来種ではあるが、繁殖力が強い。

関心のない人には、ただの雑草にしか見えないだろうが、古くから人々に身近な植物であり続けている。

まず、出穂する前の若い穂は糖分を蓄えるため、かじると甘い。昔の子どもたちは、おやつ代わりにかじったものだ、と伝えられるが、わたくしの子ども時代はチガヤを認識できなかったから、その味を知らない。万葉集にチガヤを詠んだ歌が数多くあり、チガヤを食べる場面も複数出てくる。

白い穂は、火打ち石で火を起こすとき、炎をとるために利用された。穂や根茎は漢方薬に使われている。が、一般的にはしぶとい雑草として嫌われている。

チガヤは漢字にすると、茅、茅萱、千茅など複数の表記が見られる。このうち牧野日本植物図鑑（1940年）は、本種が群生することから〝千株もの草むら〟に見立て、チに千を当てている。

（2017年5月30日）

カモガヤ

イネ科　カモガヤ属
〈撮影地〉青森市新町　２０１５年６月６日

知人と会ったら、非常に辛そうな顔をしていた。聞いたら「花粉症です。原因はカモガヤ」。一斉に開花する時期になれば、市街地のアスファルト道路のあちこちに黄色い花粉が波状模様を描く。それほど飛散する花粉の量が多い。花粉症の人にとってはおぞましい光景だろう。

一方、この植物はオーチャードグラスという名で広く知られる牧草。本県の、そして日本の畜産を支えてきた。地中海～西アジア原産。１８６０（万延元）年、牧草として米国から北海道に試験的に入り、以後、各地の牧場で使われ、牧場の外にも広がった。本県では１９３０（昭和５）年ごろから野生化したものが見られるようになった。

郊外、市街地を問わず、生えていないところはないほど勢力を広げた。国は、外来生物法で要注意外来生物にリストアップし、日本生態学会は「日本の侵略的外来種ワースト１００」に挙げた。

漢字で書くと鴨茅。英名はＣｏｃｋ's－ｆｏｏｔ　Ｇｒａｓｓ（鶏足草）だが、１８８０（明治13）年ごろに和名をつけた東大の植物学者が、Ｃｏｃｋ（鶏）をＤｕｃｋ（鴨）と勘違いしたため、カモガヤになってしまった、という。うそみたいな話だが、日本の植物学の父といわれる牧野富太郎が自著でそう指摘しているのだから本当なのだろう。

（２０１５年７月14日）

官公庁の花壇で花を咲かせるカモガヤ。この花から飛散する花粉に多くの人が苦しめられている。円写真は花

ホソムギ

イネ科　ドクムギ属

〈撮影地〉青森市桂木　２０１６年６月５日

都市公園で群落をつくるホソムギ。このほか市中心部の植樹帯でも見られる。円写真は花

自宅近くに午砲台公園（青森市桂木）がある。夏の夜、公園のベンチに座り、よく星を眺めたものだった。そのベンチ周辺に毎年多く生えてくるのがホソムギ（細麦）。わたくしにとって、なじみの野草だ。青森市内では、新町・長島の官庁街通りの植樹帯でも見られる。

ヨーロッパからアジア西部にかけての原産。世界中の温帯地域で牧草として栽培されている。そして、そのほとんどの地域で野生化し、帰化植物になっている。牧草名はペレニアルライグラス。

日本には明治時代初期、ネズミムギ（イタリアンライグラス）とともに、牧草としてヨーロッパから導入された。

市街地で目につくようになったのは、芝生や緑化に使われるようになってからだ。郊外や里山での道路建設の際、法面《のりめん》の土砂流出を防ぐためホソムギの種子を吹き付け、緑化した。これが各地で行われたため、野生化が進んだ。競馬場の芝コースに使われたことも。今では、外来生物法の要注意外来生物にリストアップされている。

ホソムギの名の由来として、①ネズミムギに比べ小穂が細い感じだから②葉が細いから—との説があるが、調べた限りでは、はっきりしたことは分からなかった。

クサヨシ

イネ科　クサヨシ属
〈撮影地〉青森市本町　2016年6月6日

2014年6月のことである。弘前市の禅林街に行ったら、墓地の一角で、高さ1・5メートルを超えるクサヨシの大群落が、風になびいていた。湿地に生えている、といわれる植物がなぜ墓地に、と大いに戸惑ったものだった。

その後、青森市の街路樹の植樹枡《ます》でも見つけた。なぜ乾燥した場所に生えているんだろう。素朴な疑問に植物の研究者は「乾燥地でも見られますよ」とのことだった。

北半球の温帯や冷帯に広く分布、日本でも全国に分布している在来種。湿地でヨシの群落の縁によく見られる。ヨシに比べ小さくて弱々しいので、名にクサ（草）がついた、といわれている。しかし、ヨシも木ではなく草なので、おかしな名ではある。

かつて、ヨーロッパなどから牧草用にリードカナリーグラスが導入され、それが野生化している、といわれる。この植物は学名も形態もクサヨシとまったく同じ。

農業・食品産業技術総合研究機構東北農業研究センターは、海外から入ってきたリードカナリーグラスは、日本在来のクサヨシと本当に同じなのだろうか、と疑問を感じ、遺伝子レベルで研究をしている。そして、違うならば、クサヨシの遺伝資源を守る必要がある、と問題提起をしている。

湿地を好むクサヨシだが、乾燥した街路樹の植樹枡にも生える。円写真は花

（2017年6月20日）

アオカモジグサ

イネ科　カモジグサ属

〈撮影地〉青森市長島　2014年6月14日

アーチ状の穂をつけるアオカモジグサ。乾燥すれば「のぎ」が大きく反り返る（円写真）のが特徴だ

青森市の中心部を南北に走る柳町緑地帯。季節ごとにさまざまな「まち野草」が顔を出し、見ていて飽きない。

2014年6月。ここで、アーチ状の穂をつけたイネ科植物を見つけた。アオカモジグサ。里山などの道端や土手に見られるが、種または苗など植物体が土に混じり柳町にやってきたのだろうか。穂の形が面白かったので、カメラの位置をかなりローアングルで撮影してみた。

名がユニークだ。緑色（青）のカモジグサという意味。かもじは漢字で書くと髢。少ない髪に添え足す髪のことで、今風にいえばエクステのようなものだ。

では、なぜこの植物の名に「かもじ」がつけられたのか。牧野日本植物図鑑（1940年）は、女児がこの植物の若葉をもんで女のひな人形を作り遊ぶから、と説明している。しかし、かもじとこの遊びはどう結びつくのか、説明文だけでは分からない。ひな人形の髪をこの葉でつくったのか？　ほかの植物の葉でもよさそうなものだが、なぜ？

この植物の特徴は、枯れると「のぎ」（籾の先端に付いている毛）が外側に大きく反り返ること。

近縁種のカモジグサは曲がらないというから、不思議だ。

（2015年6月30日）

カモジグサ

イネ科　カモジグサ属

〈撮影地〉弘前市百石町　2018年6月4日

弓状に穂を垂らすカモジグサ。ノギが紫色であることが特徴。円写真は右が花とノギ。左が乾燥状態の穂

「あおもり　まち野草」の取材中、それまで撮影したリストを研究者に見せたら、何種類か欠けている、と言われた。それらを撮るため紹介してもらったのが弘前市百石町の空き地だった。が、お目当ての植物を探すことはできず、代わりといっては語弊があるが、カモジグサを見つけることができた。近縁のアオカモジグサはすでに採集・撮影していたので、巡り会えて良かった。

カモジグサはアオカモジグサ同様、全国の道端や空き地に普通に生えている。青森県内でも同じ傾向にある。大きめの花穂が弓状に垂れる姿も両種同じだ。

ほとんど違うところがない両種だが、決定的に違うのは、ノギ（小穂の先端にある剛毛）が乾燥すると、アオカモジグサは外側に大きく反るが、カモジグサは直立のままであること。自分が作った標本を後日見たら、実際そうなっていて感動した。このほか、カモジグサのノギは紫色の場合が多いが、緑色のものもあるので決定的違いにはならない。

在来種だが、麦作に伴って渡来した史前帰化植物との説も。カモジグサの名の由来は前ページを参照してください。

ハマチャヒキ

イネ科　スズメノチャヒキ属
〈撮影地〉青森市堤町　２０１５年５月30日

塀際から生えるハマチャヒキ。円写真は小穂。ぷっくり膨らんでいるのが特徴。黄色いものは葯（やく）

青森市の、国道４号の歩道脇にハマチャヒキが生えていた。海岸から直線で約７００㍍の地点。こんな場所にも〝ハマ〟と名のつく植物が生えるのか、といぶかしくおもった。が、翌年、青森港新中央埠頭の付け根のあたりの空き地に群生しているのを見つけ、「ああ、やっぱり〝ハマ〟に生える植物なんだなあ」と合点がいったものだった。

ヨーロッパからシベリアにかけての原産。日本では北海道、本州に分布、帰化植物とみられている。青森県内では昭和30年代から西海岸で見つかり始めた。

不思議な名だ。ハマは浜として、分からないのはチャヒキだ。カラスムギを別名チャヒキグサ(茶挽草)という。これについて新牧野日本植物図鑑（２００８年）は「子どもが（小）穂を採り、唾をつけた爪の上に乗せ、吹けば茶臼をひくように回るので、このように言う」と由来を説明している。ちなみに茶挽きとは、茶葉を茶臼で挽いて抹茶にすることだ。

子どもたちがそんな遊びをしたとはにわかに信じられない。しかし、子どもは遊びの神様。もしかしてそんな遊びを発明したのかもしれない、と考え直す。いずれにせよ命名した人は、とんでもない発想の持ち主であることに違いない。

ハマチャヒキの小穂は、ぷっくり膨らみ、白い縞《しま》と相まって、なかなか素敵。一度見たら忘れられない。

（２０１７年３月７日）

ウマノチャヒキ

イネ科　スズメノチャヒキ属

〈撮影地〉八戸市内丸　２０１８年５月27日

ＪＲ本八戸駅前の空き地に生えるウマノチャヒキ。円写真は小穂

八戸市内丸でこの植物を初めて見たとき、幽霊を連想した。垂れ下がった穂が、想像画によく登場する、恨めしや～というときの幽霊の両手に見えたのだ。それほど印象が強烈な草姿だった。

ヨーロッパ原産の帰化植物。明治から大正への変わり目の１９１２年、横浜市で見つかったのが最初。戦後、全国に広がり、北海道から九州までの空き地や道端に、散発的に発生している。

青森県内では１９７０年ごろから見られるようになり、港付近や街の空き地など限られた場所に自生しているが、少ないという。しかしどうしたものか、八戸市内丸では、空き地や道端のあちこちで、非常に多く見られる。

チャヒキはイネ科植物の一グループ名。その名の由来は前ページを参照されたい。ウマノチャヒキの「ウマノ」は、小穂の先端の芒《ぼう》が約１・５センチと長いことが名の由来とする説があるが、まったく腑《ふ》に落ちない。芒が長い植物はたくさんあるからだ。

が、草全体が老熟し、茶色に変わった姿を見て、ぴんときた。馬のたてがみにそっくりだったのだ。わたくしは、馬のたてがみを連想して名づけられたと確信しているが、どの図鑑類を見ても、そのような記述は無い。

コスズメノチャヒキ

イネ科　スズメノチャヒキ属
〈撮影地〉青森市浜田　２０１７年６月25日

住宅街の空き地の縁に、長さ2センチほどの、シャープ感のある小穂をつけたイネ科植物が数本立っているのを見つけた。コスズメノチャヒキだった。チャヒキという名の由来については、2ページ前のハマチャヒキの項で説明しているので参照していただきたい。

コスズメノチャヒキは、ヨーロッパからシベリアにかけての原産。スムーズブロムグラスという名の牧草で、干ばつに強く、耐凍性に優れていることから、寒冷地に向いた牧草とされ、アメリカ北部やカナダ内陸部などで広く栽培されている。

日本には戦前、導入された。国内の栽培面積は現在、数千ヘクタール程度で、その多くは北海道。これが野生化し、道端や空き地で見られる。北海道では道東に多く、そのほかの道内では点在。また、本州から九州までは散発的に発生しているが、少ない。北海道では、本種を北海道ブルーリストに選定、既存の生態に悪影響を与えるのかどうか、今後、継続的に観察していくことにしている。

青森県内では２０００年ごろから、市街地の空き地などで見られるようになったが、今のところ少ない。

北海道立北見農業試験場作物研究部牧草科は、オホーツク海沿岸の砂丘地や網走・十勝地方内陸部では、スムーズブロムグラスの栽培をもっと広げていく必要があるとして、新品種を開発している。

住宅地にある空き地の縁で穂をつけるコスズメノチャヒキ。牧草が野生化したものだ。円写真は花

ハトノチャヒキ

別名・カモメノチャヒキ　イネ科　スズメノチャヒキ属
〈撮影地〉弘前市百石町　2018年6月4日

まち野草を探すとき、どこにどんな植物が生えているのか分からないため、基本的には〝犬も歩けば棒に当たる方式〟で行った。本著「あおもり　まち野草」に収録した植物のほとんどは、この方式で見つけた。しかし中には、研究者から「○植物は□市△地区にあるよ」と言われ、探しに行くこともあった。ハトノチャヒキは、その〝副産物〟だった。

ある植物を探すため、研究者のアドバイスを得て弘前市百石町の空き地に数回訪れた。しかし目指す植物を探し当てることはできず、代わりに、ハトノチャヒキとカモジグサを見つけた。2勝1敗。結果オーライと考えることにした。

本種は地中海沿岸原産の帰化植物。1952年、静岡県で初確認された。北海道では稀《まれ》。東北地方以南に分布する。北海道ブルーリストのサイトは、戦後、本種種子が作物の種子に混じって入ってきた、とみている。青森県では2005年ごろから空き地などで見られるようになったが、まだ少ない。

チャヒキの由来については3ページ前のハマチャヒキを参照されたいが、チャヒキの前になぜか鳥類の名がつけられているものが多い。ざっと挙げると、スズメノチャヒキ、チャボチャヒキ、カラスノチャヒキ。そして本種ハトノチャヒキ。その別名がなんとカモメノチャヒキというから徹底している。

空き地に小群落をつくるハトノチャヒキ。円写真は小穂。少し膨らんでいるのをハトの胸に例えて名づけたのだろうか

ヤクナガイヌムギ

イネ科　スズメノチャヒキ属
〈撮影地〉青森市本町　２０１５年６月６日

夜のネオンが華やかな青森市の本町。昼は、うって変わって閑散としたたたずまい。そのような本町の道端に、初夏ともなれば、群生したイネ科植物が一斉に花を咲かせる。群落は目立つ存在だが、夜、酔客には見えないだろう。

この植物は、北アメリカ西部原産のヤクナガイヌムギである。青森市本町の街路樹の根元のそこかしこに、群生しているのが見られる。またアスファルト歩道と縁石の隙間に生えているものも。近くの柳町通りでは、消火栓の台座の隙間から生えている。

日本帰化植物写真図鑑（２００１年）によると、１９８８年に神奈川県で初めて見つかった。以後、全国の市街地で急増中だ。わずか30年のうちに、青森市内でも前述のように、ごく普通に見られるようになったとは。かなり強い繁殖力とみられる。

ヤクナガイヌムギは、作物の種子などに混じって日本に入ってきた、といわれている。北海道では、ブルーリストに登録し、既存の環境に悪影響を与えるのかどうか、警戒しながら調べている。

漢字で書くと葯《やく》長犬麦。イヌムギに似るが、黄色い葯が5ミリと長いことから、この名がついた。イヌムギのイヌとは、似て非なるものという意味。

イヌムギは開花しないが、ヤクナガイヌムギは大きく開花するのが両種の違いだ。

街路樹の根元から生えているヤクナガイヌムギ。円写真は花で、黄色い部分が、名の由来になった葯

（２０１８年６月12日）

ハマムギ

イネ科　エゾムギ属
〈撮影地〉青森市緑　2016年6月12日

住宅街で車を走らせていたら、麦のように見える植物が、歩道に一列縦隊になって生えているのが目にとまった。ハマムギだった。穂の形が、小麦と本当によく似ており、ムギと名づけられたのも納得だ。

日本各地の海岸に生え、青森県の海岸にも自生する。しかし、見つけた場所は、青森港の岸壁から南へ直線で2・5キロの地点。海岸とはいえない。何らかの形で、種子が運ばれてきたのだろう。

アスファルト歩道の隙間から、一列縦隊に並んで生えるハマムギ。円写真は花

（2018年12月18日）

利用面でまったく注目されることがないハマムギだが、意外なところでその名を目にした。江戸時代の1682（天和2）年から始まった屏風山防風林づくりにハマムギが役立った、というのだ。西津軽郡史（1954年）によると、クロマツを砂地にそのまま植樹しても木が育たないから、ハマムギ、ススキ、アキグミの種をまき、地ごしらえをしっかりしてから苗木を植えれば、うまく育つという。

しかしハマムギは、屏風山の砂浜にまれに見られる程度で、郡史の記述は疑問だ。

①ハマムギと一緒に生えているハマニンニクの花穂と果実は麦に似ている②ハマニンニクは砂地で旺盛に生育し、種子の発芽も良好だ③鯵ケ沢営林署が海岸前線にハマニンニクを植栽し背後の林を保護している—ことなどから、西津軽郡史に書かれているハマムギは、ハマニンニクとおもわれる。

シバムギ

イネ科　シバムギ属
〈撮影地〉青森市浜田　2016年6月19日

初夏になれば、青森市内の街路樹の植樹枡《ます》や道端で、シバムギが花を咲かせる。それまで茎にぴったり貼りついていた穂は、花を咲かせるとき開くため、遠目には麦のように見える。

漢字で書くと芝麦。シバの名の由来は細葉や繁葉（しばは）の意味といわれる

地中海原産で、世界の温帯・寒帯に広く分布する。日本には明治の初め、干ばつや冷害に強い牧草として入った。しかし、収量が低いため、利用されなかった。

また、繁殖力が強く、生産性の高い牧草地に侵入すると、勢力を広げる。そして、茎が細く倒れやすいため、優良牧草を巻き込んで倒れ、その牧草地からつくる発酵飼料は質の低いものとなる。今では強害草の扱いで、環境省は要注意外来生物に指定している。

もともと牧草として導入されたのに、役に立たないと牧草地を追われ、それが今度は牧草地に侵入し嫌われている。因果なものだ。

岩手県畜産研究所飼料生産研究室は近年、シバムギを飼料に利用できないものか、と可能性を探ったが、収量が低いことを理由に、おすすめできないという結論に達した。

しかし、干ばつに強いため、中央アジアや中国の乾燥地では、家畜の飼料として重要な位置を占めている、という。日本では嫌われものでも、喜ばれているところもある。

道端に生えているシバムギ。穂が麦のように見える。もともとは牧草として日本に入った。円写真は花（2016年7月19日）

ノゲシバムギ

イネ科　シバムギ属
〈撮影地〉青森市中央　2017年6月19日

初夏は、イネ科植物が一年中で最も元気な季節だ。カモガヤ、オニウシノケグサが繁殖のために花を咲かせ、花粉を飛ばす。その結果、人間が花粉症に悩まされることになる。

青森市内で非常に多いのは上記2種だが、市街地ではナガハグサも多い。このほかチガヤ、ヤクナガイヌムギ、シバムギ、ノゲシバムギも目につく。

シバムギには本来、ノギ（芒、禾）が無いが、ノギのある型もあり、それをノゲシバムギという。ノギは、小穂（穂を構成する1ユニット）の先端に立っている、コムギなどでおなじみの数本の硬い毛のこと。この有無や長さが植物分類上、大切な判断材料となることが多い。

ノゲシバムギはヨーロッパ原産の帰化植物。北半球の温帯地域に広く分布している。日本には明治時代に渡来、牧草として栽培されたが、あまり利用されることなく野生化。各地で帰化している。また、道路工事の際、土壌保全のため本種の種子を吹きつけることもあり、里山の路肩でも見られたりする。

青森市の市街地では、南中学校付近の緑地帯、県庁北棟前の植樹桝《ます》、ラ・プラス青い森付近の道端…と点在している。また、八戸市のJR本八戸駅前のアスファルトの隙間でも群落をつくっている。これまで見た限りでは、シバムギとは混生していないようだ。

道端で小群落をつくっているノゲシバムギ。円写真は花。小穂の先端にノギ（硬い毛）があるのが特徴だ

オニウシノケグサ

イネ科　ウシノケグサ属
〈撮影地〉青森市花園　2017年6月18日

国道4号の中央分離帯に群落をつくるオニウシノケグサ。このほか、市街地のあちこちで見られる。円写真は花

6月中旬、青森市東部の国道4号を車で走行中のこと。中央分離帯に丈の高い草が帯状に大群落をつくっているのが見えた。風に揺れるその姿は、ある種、異様に見えた。車を近くの駐車場にとめ、分離帯に行ってみたら、群落をつくっていたのはオニウシノケグサだった。

ヨーロッパ原産。日本に牧草として入ってきたのは1905（明治38）年。1960年代から、道路の斜面緑化や人工草地への利用が一気に増え、これに伴い野生化、全国に広まった。

青森市でも、青森港新中央埠頭の造成地一帯や、同市桂木の午砲台公園など都市公園に群落をつくっているのをはじめ、道端や空き地などそれこそいたるところで見られる。

日本生態学会は、日本の侵略的外来種ワースト100に指定、環境省も要注意外来生物に指定している。

分からないのは、なぜ鬼牛の毛草という不思議な名がつけられたのかだ。植物名の由来に詳しい図鑑を見ても書かれていない。一説には細い葉を牛の毛に見立て、1メートル以上になる大型植物なので鬼と名づけた、という。鬼は分かるが「細い葉を牛の毛に見立て」は分からない。

（2018年2月20日）

シナダレスズメガヤ

イネ科　スズメガヤ属
〈撮影地〉青森市浜田　２０１７年６月25日

細身の草姿が優美に垂れるシナダレスズメガヤ。この草をよく表現している命名だとおもう。円写真は花

青森市浜田にある都市公園の一角に、毎年初夏になれば、穂を垂れるイネ科植物が姿を見せる。穂が上に伸び元気いっぱいのオニウシノケグサが周囲にたくさん生えている中、その優美さはひときわ目を引く。名はシナダレスズメガヤ。穂が垂れ下がり、スズメガヤの仲間なのでこの名がつけられた。

南アフリカ原産。日本には１９５９年から、道路建設に伴う法面《のりめん》緑化や砂防用に導入された。導入元は北アメリカだった。法面への本種の種子吹き付けでよく知られているのが、比叡山ドライブウェイ。本種の英名は「Ｗｅｅｐｉｎｇ　ｌｏｖｅｇｒａｓｓ」のため、当初は同道の法面を覆う優美な草を、英名直訳の「すすり泣く恋の草」といって、親しんだものという。

しかし、各地で緑化や砂防として盛んに利用されたものの、繁殖力が強いため、それが野生化。各地の河川敷を中心に勢力を広げている。本種により、広島県の河川敷ではもともと生えていた植物が減少、利根川・鬼怒川では絶滅危惧種の植物が駆逐されつつある、との報告がある。

環境省は本種を要注意外来生物に、日本生態学会は侵略的外来種ワースト１００に指定した。

エノコログサ

イネ科　エノコログサ属
〈撮影地〉青森市安方　2015年6月20日

エノコログサは知らなくても、ネコジャラシなら分かる、という人が多いはずだ。正式な和名より〝通り名〟の知名度が高い、非常に珍しいケースだ。それほど、人々に好ましくおもわれている植物といえる。

道端、空き地、庭…市街地のどこにでも生えている。日本在来の植物だが、アスファルトの隙間にもしっかり生える強さを持ち合わせている。

青森県内の市街地で普通に見られるエノコログサの仲間は、エノコログサ、アキノエノコログサ、キンエノコロ、ムラサキエノコロの4種。このうち、初夏に穂を出すのはエノコログサだけ。ほかの3種は秋に出穂する。また、アキノ…の穂だけが垂れ、ほかの穂はほぼ直立状態だ。

エノコログサは狗尾草と書く。牧野日本植物図鑑（1940年）は、穂が子犬の尾に似ているから、と由来を書いている。狗は子犬すなわちイヌコロ。狗尾草は、もともとイヌコロオグサと読んだ可能性があるが、言いにくいからいつのころからか転訛《か》し、「オ」が取れ、「イヌ」がエになりエノコログサと言うようになった？　もっともこれは想像でしかない。

また、同図鑑によると、ネコジャラシは「猫戯らし」と書く。穂を猫の目の前で揺らしてたわむれることが由来という。本当なのだろうか。そこで猫を飼っている友人に聞いてみた。「猫は本当にエノコログサで喜ぶのか？」。彼は即答した。「猫は、最初は飛びつくが、すぐ飽きる」

（2015年8月25日）

アスファルトの隙間から生えるエノコログサ。その背後のコンクリートは中央分離帯の先端部分

ナギナタガヤ

イネ科　ナギナタガヤ属

〈撮影地〉青森市第二問屋町　2018年7月13日

群落をつくるナギナタガヤ。この弓状に垂れる穂を武器のなぎなたに例えた。円写真は小穂

青森市の東奥日報社本社構内で5月下旬、細いイネ科植物が顔を出しているのに気づいた。やがて穂を出し、そして7月、穂は一方に緩く湾曲した。

ナギナタガヤ（薙刀茅）。湾曲した穂をなぎなたの刃に見立て、この名が与えられた。茅はイネ科、カヤツリグサ科の植物の総称。ヨーロッパ原産。明治時代初期、芝生の種に混じって日本に入り、全国に拡散した。

この植物の、びっしり密に生える特性を生かし、愛媛県のミカン農家の多くが、園地の下草に植えている。①他の雑草が生えてこない②枯れると有機物の補給になる③土壌流出防止になる―などの効果があるという。青森県のリンゴ園地では古くから牧草による草生栽培が提唱されてきた。昔、ナギナタガヤを下草に利用したリンゴ園があったが、今は見られない。

ナギナタガヤより小さく細い、近縁のイヌナギナタガヤ（ヨーロッパ原産）が近年、増えてきている。青森県内では2004年から、八戸市だけで確認されている。八戸市番町を歩いていたら、道端でイヌナギナタガヤの群落を見つけた。やっぱり、びっしりと密に生えていた。

（2019年2月12日）

シバ

イネ科　シバ属
〈撮影地〉青森市青葉　2014年6月28日

住宅街の電柱の根元、アスファルトの割れ目にシバが生えているのを見つけた。どこかの芝生から種が飛んできて根付いたのだ、とおもう。

アスファルトの割れ目から生えるシバ。撮影中、強烈なアンモニア臭がした。犬の小水か。円写真は花

もともとシバは、北海道南以南の日本全土に広く自生する在来種。ススキとともに、日本の原野に生える植物の代表的な存在といわれる。この野生のシバを選抜し園芸品種に育てたものが、コウライシバの名でゴルフ場、公園、庭などで広く利用されている。

つまり園芸名のコウライシバと野生のシバは同種なのだが、園芸シバが、なぜかコウライシバと呼ばれているからややこしい。本物のコウライシバは九州南部以南の沿岸岩場に生える別種である。園芸シバに対し、野生シバはノシバと呼ばれたりもしている。

シバの名の由来は細葉や繁葉（しばは）の意味といわれるが、不明だ。

電柱の根元に生えていたシバは、考えてみれば、先祖がえりで野生に戻った、といえる。シバは日照不足に弱いので、大型植物とは共存できない。アスファルトの割れ目は一見、劣悪な環境におもえるが、シバにとっては日照を享受できる快適な環境なのだろう。

（2016年6月28日）

コナスビ

サクラソウ科　オカトラノオ属
〈撮影地〉青森市桂木　2017年6月3日

青森市桂木の自宅敷地は、ヒメオドリコソウとブタナを抜き取って駆除している以外は、野草が生えるに任せている。春、夏、秋、季節ごとにさまざまな野草が顔を見せ、わたくしを楽しませてくれる。ただ、草丈が高くなると、低い植物は日照不足に陥り消失するので、時々刈り込んでいる。

こうして管理していたら2013年ごろ、コナスビが侵入してきた。道端や空き地、それに公園の草地で見られる日本在来の植物だ。最初は数株だけだったが、年々増え、今ではマット状の群落をつくり、ツルマンネングサなどと勢力争いをしている。

好きな植物なので最初は、増えればいいなあ、という軽い気持ちだったが、これほど勢力を広げると、かわいさ半減だ。

名は漢字で書くと小茄子。野菜のナスと実が似ているとして、名がつけられた。しかし、あのナスと、直径4ミリのコナスビの実は似ても似つかない。野菜のナスが実を付け始めた小さいころと似ていなくもないが、それでも無理がある。

野菜のナスはナス科植物だが、コナスビはサクラソウ科。分類上、まったく違う植物だ。

（2018年3月20日）

自宅の敷地で花を咲かせるコナスビ。5年くらいのうちに、かなり勢力を広げた。円写真は花と果実

グンバイナズナ

アブラナ科　グンバイナズナ属
〈撮影地〉青森市桂木　2015年5月31日

軍配形の実が遠目にも目立つグンバイナズナ。円写真は花と果実

初めてこの植物を見たときは、びっくり仰天した。長さ約1・5センチもある楕円形の実が異形で、ナズナ（俗称ペンペン草）の奇形かとおもった。が、奇形でもなんでもなく、グンバイナズナという植物だった。実を、大相撲の行司さんでおなじみの軍配の形に見立て、この名がつけられた。

中央アジア原産で、世界中に帰化している。ヨーロッパや北アメリカでは畑地の代表的な雑草。日本には江戸時代に入ってきて定着、道端などで見られる。

インドや中国では野菜として栽培されることもある、というが近年、意外なことで関心を集めている。重金属を植物体内に多量に蓄積しても平気というのだ。この性質を利用して、鉱山跡地などの汚染土壌を健全なものに復元できないものか、と三重大学や兵庫県立大学はグンバイナズナなどを使った研究に取り組んだことがある。

さらに、アメリカの研究機関が、この植物にバイオディーゼル燃料に適した油が豊富に含まれていることを解明した、との情報もある。さまざまな可能性を秘めた植物である。

（2017年6月13日）

マメグンバイナズナ

アブラナ科　マメグンバイナズナ属

〈撮影地〉青森市本町　2015年6月6日

アスファルト道に接した、わずかな土の部分に生えるマメグンバイナズナ。円写真は花と果実

マメグンバイナズナを初めて知ったのは、およそ50年前、学生のときの野外実習で、だった。それまでこのグループの植物はナズナ（俗称ペンペン草）しか知らなかったが、ナズナの果実が見慣れた三角形なのに対し、マメグンバイナズナは円形。それが印象的で、以来、忘れられない植物となった。

近縁のグンバイナズナより果実が小さいことから名にマメ（豆）がついた。加えて、果実が軍配状ではなく、豆そのものをおもわせる形をしていることが、名を一層ふさわしいものにしている。

北アメリカ原産で、世界中に広く帰化。日本には1892（明治25）年前後に侵入した。青森県にはいつごろ入ってきたのは不明だが、1955（昭和30）年には国鉄鯵ヶ沢駅操車場の線路付近で確認されている。

里山など自然環境が保たれているところよりも、都市公園など、市街地の要素が強いところを好む。道端のアスファルトの隙間でもよく見られる。

別名コウベナズナ。これは、日本で最初に採集されたのが兵庫県神戸市だったことによる。

イヌガラシ

アブラナ科　イヌガラシ属

〈撮影地〉青森市新町　２０１６年６月12日

青森市の中心街・新町通りの歩道の隙間から生えるイヌガラシ。新町通りや昭和通りの歩道では意外に多くイヌガラシが生えている。円写真は花

全国に普通に分布している日本在来の野草。春から秋のはじめまで、小さな黄色い花を咲かせる。各種図鑑を見ると、水田のあぜ道、街路樹の植え込み、道端など、すこし湿った場所に生える、と書いているものが多い。

しかし、乾燥した市街地でも、イヌガラシはたくましく生えている。もっとも、湿った場所に生えるイヌガラシは草丈が30～50センチもあるが、乾いた市街地では草丈が低い。必然的に腹ばいになって撮影する。

炎暑の８月下旬。青森市長島の、アスファルト道の隙間から生えていたイヌガラシを撮影しようとしたときのこと。不用意に腹ばいになったら焼けるような熱さ。思わず飛び上がり、マットを持ってきてやっと撮影できた。こんな過酷な場所にも平気で生える。

漢字で書くと犬芥子。古い時代に中国から渡来した食用のカラシナ（芥子菜）に草姿が似ていることからこの名がついた。犬を辞書で引くと「似て非なるもの」という意味もある。つまりこの場合は、カラシナに似て非なるもの、という〝もどき〟の意味でイヌがついた。

食用にならないイメージが強いが、若葉はゆでて食べられるという。

（２０１７年１月17日）

キレハイヌガラシ

アブラナ科　イヌガラシ属
〈撮影地〉青森市新町　2016年6月12日

郵便ポストの根元、歩道の隙間に根を張っているキレハイヌガラシ。毎年、ここから生える。円写真は花と葉の一部

2014年のことだった。隣家の敷地にキレハイヌガラシが1株花を咲かせた。「あら、どこから来たの？かわいいわね」。隣家の奥さまは、とても気に入ったようで、この侵入者を大事に見守った。今では大繁殖、花の盛期ともなれば、園芸植物並みの華やかさだ。

ヨーロッパ原産でアメリカやアジアに帰化。日本では1963年に神奈川県で報告されたが、北海道ではそれ以前からヤチイヌガラシの名で知られていた。青森県では20世紀の終わりごろから見られるようになり急増中。五所川原市の菊ケ丘公園では大群落で繁殖、青森市のねぶた団地でも群落をつくるが、こちらは花を咲かせる前に草刈りされる。青森市新町の歩道ブロックの隙間にも根を張り、毎年花を咲かせる。

イヌガラシに似て葉に切れ目が入っているように見えるので、キレハ（切葉）と名づけられた。

わずかな根があれば繁殖できるので、トラクターで土を撹拌《かくはん》すると一気に繁殖する。北海道ではこうして増え、牧草地や農耕地のやっかい者となっている。

（2019年1月8日）

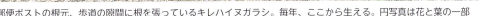

シャク

セリ科　シャク属

〈撮影地〉弘前市西茂森　2014年5月25日

長勝寺構の土塁に群落をつくるシャク。里山や林道の道端でおなじみの植物だ。円写真は花

初夏、里山の道端に群落をつくり、白いレース状の花を咲かせる。ミズ（ウワバミソウ）など山菜採りに出かける人たちにとって、おなじみの植物だ。

市街地ではあまりお目にかかれないが、それでも所々で見られる。青森市緑の空き地を埋める群落を見つけたが、花を咲かせる前に刈り取られ、家が建ってしまった。一方、弘前市の長勝寺構《がまえ》の土塁には毎年、大きな群落をつくる。セリ科植物で日本各地に分布、国外ではユーラシア中北部に広く分布している。

シャクという名について、日本植物学の父・牧野富太郎が自著の図鑑「牧野日本植物図鑑」（1940年）で、以下のような面白い書き方をしている。

「従来からシャクと呼んできたが、今ここでコシャクと訂正する。コシャクは小形のシャクという意味だ。シャクは別名サクと呼び、シシウドのことをいう」。しかし、牧野の熱い願いとは裏腹に、コシャクは定着せず別名止まり。和名は依然としてシャクで通っている。シャクの名の由来は不明。

若い葉や茎は食用になる。津軽地方では山菜として店頭に並ぶことがあり、品名は「サグ」「コジャク」という。

（2018年5月22日）

ミツバ

セリ科　ミツバ属
〈撮影地〉青森市本町　2016年6月12日

小学生のころ、学校から帰ると毎日、野で遊んだ。当時は、家から一歩外に出ると、そこは野原、すこし行くと雑木林だった。

あるとき、林の縁で植物を摘み、母に持っていった。「あら、ミツバじゃないの。よく見つけたわね」。母にそう褒められ、ミツバはその夜の食卓に並んだ。以来、ミツバを探すのが得意になり、見つけては摘んで持ち帰った。子どものころに褒められるのは、その子にとって計り知れないほどいいことなんだろうな。

日本人は古くからミツバを山菜として好んで食べてきた。栽培するようになったのは江戸時代から。その当時は露地栽培だったが、今はハウスの水耕栽培だ。おひたし、吸い物、鍋、丼物の具にミツバは欠かせない。個人的には親子丼に乗ったミツバは実に存在感があるとおもう。

里山の、湿り気の多い道端などに普通に見られる。が、注意して見ると、市街地でもけっこう多く生えている。青森市の新町通りの、ビルとビルの間でも見られるし、同市本町の駐車場と歩道のわずかな隙間にも毎年生えてくる。種子が靴底や車に付いて移動したり、里山の土と一緒に種子が運ばれた結果なのか。

茎を伸ばした先端に白い花を咲かせるが、花は驚くほど小さい。ミツバ（三つ葉）の名は、葉が3つに分かれていることによる。

（2019年2月5日）

歩道と駐車場の間の、わずかな土の部分に小群落をつくるミツバ。円写真は花

オオバコ

オオバコ科　オオバコ属
〈撮影地〉青森市新町　2016年7月30日

オオバコというと、子どものころよく遊んだ〝オオバコ相撲〟をおもい出す。花茎を絡ませて引っ張り合い、ちぎれた方が負けという簡単な遊びだった。遊び道具に使われるほど、道端や家の周囲にたくさん生えていた。これらは、人がよく歩く場所。オオバコは、人に踏みつけられて分布を広げる植物なのである。

そのメカニズムはこうだ。オオバコの種子は、乾燥防止のため、紙おむつに似た化学構造の、ゼリー状の物質を持っている。これが雨にぬれると膨張し粘液となる。人が踏むと靴裏に貼りつき、種子は移動し分布を広げる、というわけだ。中国では馬車が通る道端に多いため車前草と呼ばれた。これも種子が車の接地面に貼りついた結果だ。

種子は漢方薬に不可欠なほど薬効があり、青森県内では戦前戦後、植物体を陰干しし、風邪やのどの薬として煎じて飲んだという。

日本在来種ではあるが、麦作に伴い入ってきた史前帰化植物という説もある。

漢字で書くと大葉子。葉が大きいからこの名がついた、とのことだが、身近に見てきたオオバコの葉は、それほど大きいとはおもえない。が、わたくしは白神山地の青森県側県境付近の沢を登っていたとき、沢で、葉の長さが20～30センチもあるオオバコを見たことがある。たしかに大葉だった。

（2018年7月24日）

アスファルト道の隙間に生えるオオバコ。種子は、人の靴底に貼りついて移動し、分布を広げる。円写真は花

ヘラオオバコ

オオバコ科　オオバコ属
〈撮影地〉青森市本町　2016年5月28日

ひょろ長い茎の先端に付く風変りな花。道端、空き地、草地、都市公園、果ては庭などどこにでも生えているから、多くの人が目にしている植物だ。

群落をつくるヘラオオバコ。円写真は真上から見た花。いつも土星を連想する

ヨーロッパ原産。日本には江戸時代末期、牧草の種に混入して入った、といわれている。今では日本全国どころではなく、世界中に帰化している。青森県には、明治になってから侵入した、と考えられている。

オオバコの仲間で、葉を細長い箆《へら》に見立ててヘラオオバコ（箆大葉子）だ。花を真上から見るたび、わたくしは「あ、土星だ」とおもう。土星の輪のように見える白いものは、雄しべである。

日本では雑草扱いで、繁殖力が強いため、環境省は要注意外来生物に指定している。だが、ヨーロッパやオセアニアでは家畜の飼料として栽培し利用している、というから驚きだ。

これに着目したのが宮崎県畜産試験場。2003年、飼料に本種の乾草を1日あたり200グラム混ぜて肉用子牛に食べさせてみた。子牛はよく育ち、比較個体より明らかに体重が増えた。が、問題があった。本種を効率的に刈り取ることができる機械がない、というのだ。

（2017年5月16日）

ムラサキウンラン

オオバコ科　ウンラン属
〈撮影地〉青森市長島　2016年6月10日

個人的な見解で恐縮だが、帰化植物や園芸植物は、見た目で、いかにもそうとおもえるものが多い。ムラサキウンランは、まさしくそれだった。外国から渡来した園芸植物だと。

ヨーロッパ南東部原産で、青森県内では近年、あちこちで見られるようになった。栽培されていたものが逸出し野生化したものとみられる。

青森市街地では、建造物とアスファルト道の際や、電柱の際、アスファルト歩道の隙間などでよく見られる。すらりとした細身の草姿。長い花穂に、金魚をおもわせるかわいらしい紫色の小花をたくさん付ける。いかにも園芸植物、といった雰囲気があるためか、市民は〝雑草扱い〟をせず、刈り取らないで花を楽しんでいるようにおもえる。

ウンラン属（Ｌｉｎａｒｉａ）の園芸品種は極めて多数あり、品種が特定できないものもあるほど。このムラサキウンランにしても、日本帰化植物写真図鑑（2001年）は、学名をＬ．ｂｉｐａｒｔｉｔａとしながらも「Ｌ．ｐｕｒｐｕｒｅａもムラサキウンラン（宿根リナリア）と呼称される場合がある」と〝一名二物〟を紹介している。

このため、ウンラン属の園芸品種は総称でリナリアもしくはヒメキンギョソウと呼ばれたりする。

属名および和名のウンランは、花の姿がウンラン（海蘭）に似ていることによる。

青森中央大橋の土台際から毎年生えるムラサキウンラン。円写真は金魚をおもわせる花

オドリコソウ

シソ科　オドリコソウ属
〈撮影地〉弘前市西茂森　2014年5月25日

長勝寺構の土塁の上で花を咲かせるオドリコソウ。円写真は花。花を盆踊りの踊り手が並んでいる様子に見立てた

あまり日の当たらない沢の近くの湿った場所や、里山の道端でよく目にする植物。それが弘前市のほぼ中心部の、日当たりの良い土手の上で花を咲かせていた。本来とは全然違う生育環境に、すこし戸惑った。

この土手、国の史跡・長勝寺構の土塁。江戸時代初期の構築時から、土砂の移動があまりなかったとおもわれる場所だ。そこに日陰を好むオドリコソウがなぜ？

推論は二つ。一つは、もともとそこに生えていた、という論。もう一つは、近所の山野草愛好者が育てていた本種の種子が、そこに運ばれて根づいた、という論。本種の種子にはアリが好むエライオソームという物質がついており、アリが種子を運び、エライオソームだけを食べたあと捨て、そこから芽生えたのか。

日本在来種で、全国に分布する。花が、花笠をつけた踊り子のように見えるので、この名がつけられた。花が茎を取り囲み整然と並んでいる姿は、さながら盆踊りの踊り手たちだ。しかしわたくしはこの花を見るたび、ずっとラインダンスを連想してきた。

青森県の田舎暮らしの子どもたちは、甘いものが少なかった時代、この花をつまみ、おやつ代わりに蜜を吸って遊んだという。

トウバナ

シソ科　トウバナ属
〈撮影地〉青森市本町　2015年5月29日

青森県内の林道を歩けば、道端にトウバナを見ることができる。とくに、じめじめした日当たりの悪い場所に多く、ときとして大きな群落をつくる。

マンション外壁とアスファルト地面のわずかな隙間から生えるトウバナ。円写真は花と、花が終わったあとの穂

そのトウバナが、青森市中心部の、マンションの壁際に生えていた。外壁とアスファルト地面との間の、ほんのわずかな隙間。そこに根を下ろし茎の先端に多くの花穂をつけていた。

この段階では花穂は一かたまりになっており、トウバナらしさが無い。らしさが出るのは、このあとだ。時がたつにつれ、花穂の茎が伸び、花を輪状に数段つけるようになる。この姿を五重塔など仏塔に見立て、塔花（トウバナ）と名づけられた。円写真は花が終わったあとの穂で、段々の状態がよく分かる。

日本在来種。本州以南に分布、水田のあぜ道、日陰の林縁などにふつうに見られる。

さて、マンションの外壁の際に生えていたトウバナだが、生育地の土と一緒に種が運ばれてきたものとみられる。観察を続けたかったが、間もなくそこにアパートが建ち、トウバナは姿を消した。

クルマバナ

シソ科　トウバナ属
〈撮影地〉青森市新町　2015年6月11日

歩道の植樹枡《ます》や緑地帯。整然とした花壇に仕立てられているものもあれば、放任され野草の王国になっているものもある。

多くの人々は、野草を除去し園芸植物が整然と花を咲かせている状態に美しさを感じるのだろうが、わたくしのような〝まち野草ウォッチャー〟にとっては、放任状態の野草の王国は観察ポイントのひとつ。さまざまな野草がひしめき合って生えている状況は、さながら万華鏡だ。

県警、県庁北棟、合同庁舎、共同ビルが並ぶ官庁街。植樹枡にクルマバナを見つけた。里山や低山地の草原など日当たりの良い場所に生えている植物が、なぜこんなところに？　精力的に分布を広げるような植物ではない。おそらくは、植樹枡設置の際に使われた土に種子が混じっており、ここに定住したのだろう。

和名は漢字で書くと車花。花を上から見ると、茎に花が放射状に付いている。昔の人はこれから車を連想した。一つひとつの花を牛車か大八車の輻（や。車輪の中心部からまわりへ放射状に出ている棒）に見立てたのだった。

クルマバナの仲間は県内に5種類分布しており、このうちクルマバナとミヤマクルマバナの花が大きい。

（2015年7月7日）

官庁が集まる通りの植樹枡で花を咲かせるクルマバナ。円写真の右は花を上から見た様子。左は花

水路の脇に生えるイグサ。別名は「イ」。最も短い植物名として知られる。円写真は果実

イグサ

別名・イ、トウシンソウ　イグサ科　イグサ属
〈撮影地〉青森市青葉　2016年6月3日

湿地や水路沿い、湿った道端などに生えている日本在来種。稲作とともに日本に渡ってきた史前帰化植物とする説もある。

2015年の初冬、青森市長島の、水気の無い空き地でイグサを見つけ、翌年ビルを背景に撮影しよう、と楽しみにしていた。ところが翌16年の春、そこはなんと駐車場に。まち野草の取材でよくあることだが、残念。気を取り直し、生えている場所を探した結果、青森市青葉の水路脇で見つけた。

畳表に使われているイグサの原種である。室町時代に草丈30チセンほどのイグサを品種改良して150チセンに。これを水田で栽培する。畳表は書院造りとともに広まり江戸時代、急速に普及した。それに伴いイグサの栽培が盛んになった、といわれている。

イグサの生産地はかつて岡山県が有名だったが、いまは国内生産量の9割以上が熊本県産。畳表全体では中国産7割、日本産2割、化学表《おもて》1割、とのこと。

イグサの髄は弾力性に富み、行灯《あんどん》や和ろうそくの芯に使われてきた。このため、イグサをトウシンソウ（灯芯、燈心）ともいう。しかし、イグサのイの由来ははっきりしていない。別名のイは、最も短い植物名として知られている。

（2016年11月29日）

イヌイ

別名・ヒライ、ネジイ　イグサ科　イグサ属

〈撮影地〉青森市浜田　2014年6月8日

本来は海岸付近の湿地を好むが、内陸部の、乾燥した歩道ブロックの隙間に群生するイヌイ

イヌイは、乾ではなく犬藺の意味。この場合の犬は、似て非なるもの、の意味。つまり、イ（藺）に似ているが違う植物だからイヌイというわけだ。犬が似て非なるものという意味を持つことは、広辞苑にそう書いている。

イグサの仲間はみんな、丸い茎がまっすぐ細長く伸びる。葉をつけるものもあるが、その葉も断面は丸い。

ところが、このイヌイは、イグサの仲間の中で極めつけの変わり者。まず、茎が平ら。しかも、その茎が緩くねじれているのだ。このため茎は一見、太くなったり細くなったりしているように見える。この写真は、その特徴をあらわしているが、分かっていただけるだろうか。

イグサの仲間で、茎が平らだったりねじれているものは本種だけだ。別名ヒライは平藺の意味で茎が扁平《へんぺい》だから。また、別名ネジイは捻藺の意で、茎がねじれていることに由来する。ねじれで知られている植物は人気が高いネジバナ。しかし、ネジバナの場合、花が螺旋《らせん》状につくだけで茎がねじれているのではない。

日本在来種で、北海道、本州の海岸近くの湿地に自生する。青森県内では普通。おやっ、とおもったのは、本種が青森港から約3キロ南の、本来の生育環境とは異なる、乾燥した歩道ブロックの隙間に群生していたことだ。種子が土砂と一緒にそこに運ばれてきた結果とみられる。

ガマ

ガマ科　ガマ属

〈撮影地〉青森市東大野　2016年6月12日

ガマというとすぐ、古事記に出てくる因幡の白ウサギをおもい浮かべる。うそをついてサメの背に乗せてもらい、海を渡ろうとしたウサギが、上陸直前にうそがばれ、皮をはがされ泣いていたところ、大国主神《おおくにぬしのみこと》に「ガマの花粉に寝転がればいい」と言われ、傷を治した、という話。

ガマの花粉（蒲黄）を乾燥させたものは、じっさい止血剤としての薬効があることが、古くから知られている。それにしても、古事記が成立したころから、すでに薬効が人々に知られていたとは驚きだ。この神話は科学に裏打ちされていたのである。

ガマ（蒲）は日本在来種で、池、沼、水路、休耕田に生えている。青森市東大野の水路では、コンクリート底にたまった泥で、けっこうな規模のガマの群落が維持され毎年、穂を付けている。

ガマの名の由来ははっきりしていない。トルコ語でアシを意味するカムスが語源とする説や、朝鮮語で材料を意味するカムが語源とする説がある。

ウナギの蒲焼は昔、ウナギを開かず、丸ごと串に刺して焼いた姿をガマの穂に見立て、その名がついた、という説がある。

（2017年10月31日）

側溝から生え、雄花と雌花を咲かせているガマ。【円写真右】上半分の薄茶色の部分が雄花の集まり、下半分の緑褐色の部分が雌花の集まり【円写真左】雌花の集まりが成熟したガマの穂。雄花は無くなり茎だけが残っている

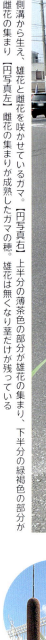

ミクリ

ミクリ科　ミクリ属
〈撮影地〉青森市東大野　2016年9月4日

大ヒットし社会現象にもなったTBS系ドラマ「逃げるは恥だが役に立つ」(2016年)。主人公の一人、新垣結衣ふんする「森山みくり」に、不思議な名前だなあ、とおもった視聴者は少なくないはず。実は、森山家の名は植物で統一されており、みくりはこの植物ミクリに由来する。

北海道から九州までに分布。海外ではアジア、ヨーロッパ、北アフリカの温帯に広く分布する。池、沼、流れの緩やかな水路に生え、草丈は1メートルほどで、中には2メートルにもなるものもある。名は、実を栗のイガに見立て実栗（ミクリ）だ。

茎の上部に雄花を付け、すこし下に雌花を咲かせる。ともに目立たない花。そして結実すると、インパクトのあるイガになる。

ミクリはもともと水田の水路などに普通に生えていた植物だが、水田の基盤整備に伴うコンクリート水路の導入により、各地で減少してきた。このため、青森県を含む42都道府県で、レッドリストに選定している。

「しかし」と研究者は言う。「青森県内では減っていない。水田の水路や沼の縁に普通に見られる」。撮影したのは、市街地の流れのないコンクリート製の水路で。ミクリは、底にたまった泥から生えていた。

（2017年9月5日）

名の由来となった栗のイガをおもわせる果実を付けているミクリ。円写真は右が雄花で、左が雌花

ヒメフウロ

フウロソウ科　フウロソウ属

〈撮影地〉青森市桂木　2017年6月3日

著者自宅の敷地に群生するヒメフウロ。ここ数年で急激に増え、今では敷地の一部を埋め尽くすほど。円写真は花

ある年、隣家の奥さまが「これ見てよ。かわいいわね。どこから来たのかしら」と話しかけてきた。見ると、隣家の敷地に1輪のヒメフウロの花が風に揺れていた。翌年、今度は拙宅の敷地でヒメフウロが数輪の花を咲かせた。それから数年。拙宅の北側の敷地はヒメフウロの群生で埋まり、5月から11月下旬まで花を咲かせ続けている。

北半球の冷温帯に広く分布。日本では山岳地帯の石灰岩地に自生しており、岐阜、三重、徳島、高知の各県は絶滅が心配されるレッドリストに選定している。

その一方で、北海道や本州で近年、急速に分布を広げているヒメフウロは、自生種と全く同じものだが、ハーブ・ロバートという名で観賞用として売られている園芸品種が野生化したものだ。北海道は、ブルーリストに選定し、既存の生態系に悪影響を与えるのかどうか、調べていくことにしている。同じ種なのに〝レッド〟と〝ブルー〟という二つの顔を持つ。

青森県では1990年代の終わりごろから目立つようになり、市街地の道端や庭先に普通に見られる。漢字で書くと姫風露。姫は小さいという意味だが、風露の意味は諸説あり、分かっていない。

（2018年1月23日）

ヤマホタルブクロ

別名・ホンドホタルブクロ　キキョウ科　ホタルブクロ属
〈撮影地〉青森市桂木　2018年6月28日

空き地の縁から生えるヤマホタルブクロ。市街地で見るのは珍しい。円写真は花の内部

自宅近くの空き地の縁で、見慣れない植物の葉を多数見つけた。まだ若い葉で、どんなグループの植物なのか、全く見当がつかなかった。だから、毎日のように観察し、花が咲くのを待った。

こうして花を咲かせたのは、ヤマホタルブクロだった。かなり前、低山地で見たことがあり、目にするのはそれ以来だった。まさか市街地に生えているとは。土と一緒に種子が運ばれてきて、ここに根づいたのだろうか。

この年はホタルブクロに縁があった。このヤマホタルブクロを見たのをはじめ、同時期、青森市浜田で、住宅のコンクリートの隙間からホタルブクロが生えているのを見つけ、八戸市内丸ではホタルブクロの小群落を見た。

ヤマホタルブクロもホタルブクロも日本在来種。青森県内ではともに里山の道端で見られるが、市街地では極めて少ないとされている。ヤマホタルブクロの方が、より山寄りに生育する。両者は、萼《がく》の部分で見分けられる。

多くの植物図鑑は、ホタルブクロの名の由来を「子どもが、この花にホタルを入れて遊んだから蛍袋」と説明している。この遊びが、じっさい行われたものかどうかは分からないが、いずれにしても、提灯《ちょうちん》がイメージされる、情緒豊かな呼称である。

オトギリソウ

オトギリソウ科　オトギリソウ属
〈撮影地〉青森市長島　2017年6月29日

里山の道端に花を咲かせているイメージが強い植物だが、青森市の市街地でも道端、都市公園の緑地、歩道の植樹枡《ます》など日当たりの良い場所で見られる。青森市桂木の午砲台公園の緑地では毎年、小群落が見られた。

オトギリソウの名の由来は、江戸時代中期の百科事典「和漢三才図絵」に載っている鷹匠《たかじょう》伝説による。それによると平安時代中期、鷹匠の晴頼が、タカの傷を治す薬草を誰にも言わず秘密にしていたが、弟が漏らしてしまったため激怒、弟を斬り殺した。そのときの血しぶきが薬草の花などに黒いしみとして残っている、というもの。だから弟切草（おとぎりそう）。花びらやがくにある黒点や黒線からこの話をおもいつくとは、昔の人の想像力はたくましい。

たしかにこの植物は止血や傷の鎮痛など薬効があり、民間薬として使われている。津軽地方でも以前、この植物を焼酎に入れ、切り傷の薬として使った、と伝わっている。

不吉な伝説があるため、オトギリソウの花言葉は、恨み、秘密、迷信、敵意など縁起が悪い。

オトギリソウエキスは肌を整える効果があることから、エキスを配合した化粧品が数種類、売られている。

（2017年11月28日）

植樹枡に生えるオトギリソウ。円写真は右が花、左は黒いしみ。このしみが血しぶきに例えられた

アスファルト歩道と縁石の隙間から生えるコゴメバオトギリ。一帯では年々、勢力を増している。円写真は花

コゴメバオトギリ

オトギリソウ科　オトギリソウ属
〈撮影地〉青森市青葉　2016年6月10日

中央大橋通り（青森市）の歩道でコゴメバオトギリを見つけたのは2014年のことだった。アスファルトの隙間に数株咲いていた。その翌年以降、急激に増え、歩道の隙間はもちろん、街路樹の植樹枡《ます》にも進出。6～7月になれば、さしずめ花いっぱい運動の様相を帯びる。

面白いのは、人々が本種を大切にしていることだ。美しいから草刈りをせず園芸植物並みの扱いをしている。このため、植樹枡はこの植物でびっしり。観賞用に十分たえうる。草刈りを免れるから、ますます増え、ますます大事にされる。

ヨーロッパ原産。アメリカ、オーストラリア、アジアなど温帯に広く帰化。日本では、1930年代に三重県安楽島で初めて見つかり、その後、各地で帰化が確認された。青森県では20世紀の終わりごろから見られるようになった。

アメリカでは牧草地の強害草になっている。牧草地だから、みだりに除草剤をまくことができない。このため、主にこの植物の葉を好んで食べる昆虫を使った、生物防除が行われている。

名は漢字で書くと、小米葉弟切。葉が小さいことから小米。また弟切の由来については、前ページ参照を。

（2018年12月11日）

ウド

ウコギ科　タラノキ属
〈撮影地〉青森市大野　2014年8月3日

林道の崩落地などに好んで生えるウドは、捨てるところが無い人気の山菜。芽は天ぷら、茎内部の白い部分は酢みそで、そして皮は細切りにしてきんぴらに。わたくし個人の好みとしては、タラノキの芽の天ぷらよりもウドの芽の天ぷらの方が、味にメリハリがあっておいしいとおもう。

林道沿いの植物という印象が強い日本在来種だが、市街地のあちこちにも生えている。コンクリートの隙間、消火栓の根元など劣悪な環境をものともせずに生える。もともと他の植物が進出できない崩落地を好むので、市街地も平気なのだろう。が、市街地では大きくなる前に刈られてしまう。

ウドの花は両性花だが、一般的な両性花のように最初から雄しべと雌しべが一緒にあるのではなく、まず雄しべの花の時期を経たのち、次に雌しべの時期になるという。これはできるだけ自家受粉を避けるための時間差作戦なのだ。

ウドは高さ1・5《メートル》ほどにもなるが、茎がやわらかく用材にならないので、図体はでかいが役に立たないものの例えに「ウドの大木」という。大木といっても、ウドは木ではなく草。おかしな話だが、これに気づく人は少ない。ウドの名の由来は諸説あり不明だ。

（2019年1月15日）

意外なことに、市街地でもけっこう見られるウド。円写真は右が雄花、左が雌しべ

青森市筒井の土手に繁茂するワラビの葉。春に1回若芽が出るが、草刈り後、再び出てくる。円写真は若芽

ワラビ

コバノイシカグマ科　ワラビ属

〈撮影地〉青森市筒井　2018年8月19日

低山地や里山の、日当たりの良い草地などに、極めて普通に見られるワラビ。春～初夏の食卓を彩る山菜として日本人にはおなじみだ。しかしワラビは「世界に広く分布しているが、若芽を食用にしているのは東アジア地域に限られる」（世界有用植物事典）とは意外だ。

また、古い時代から親しまれてきたとおもい込んでいたが、万葉集でワラビを詠んだ歌は「石《いわ》ばしる垂水《たるみ》の上のさ蕨《わらび》の萌《も》え出づる春になりにけるかも　志貴皇子」1首だけなのも意外だ。

郊外の植物というイメージが強いワラビだが、市街地にも生えている。青森市筒井の土手、弘前市の長勝寺構《がまえ》（土塁）だ。筒井の土手は、低山地などから運ばれてきた土に根が入っていた可能性が大きい。一方、長勝寺構は国の史跡だから土砂の移動はほとんど無いはず。このため、江戸時代の昔から一帯にワラビが茂り、今見られるのはその名残とみられる。これらの場所では時々草刈りが入り、そのあと、再び若芽が顔を出す。

名の由来は「から（茎）み（実）」が転訛《てんか》してワラビになったという説が有力。根のでんぷんはワラビ餅の原料として知られるが「最近はサトウキビやサツマイモなどのでんぷんを使っている」（前出の事典）という。

ミヤマイラクサ

イラクサ科　ムカゴイラクサ属
〈撮影地〉弘前市西茂森　2016年9月29日

アイコという山菜で知られるミヤマイラクサ。刺が刺さると非常に痛い。円写真は、右が雄花、左は雌花

薄暗い沢道を歩いていると、手や腕にミヤマイラクサ（深山刺草）の刺《とげ》を刺し、強烈な痛みに襲われる。う、う、う…と痛みに耐えること約20分間。痛みはすっと消える。慣れるとこの草を避けられるのだが、毎シーズン初めは忘れているのでいつもやられ、痛いおもいをする。この痛み成分はヒスタミン、アセチルコリン、ギ酸など。刺を「いら」ともいうので刺草（いらくさ）である。

名は古くからあり、江戸時代中期の有毒草木図説に、すでに「いらくさ」の名が見られる。

青森県をはじめ東北地方では、若いうちを「あいこ」と呼び、山菜として好んで食べる。おひたしや炒め煮、汁の実にすればおいしい。若いときでもやっぱり刺は痛いそうで、採る人はしっかり手袋をはめ、防備している。

生薬ではイラクサのことを蕁麻（じんま）といい、皮膚が突然かゆくなる蕁麻疹（じんましん）の名の由来といわれている。肌一面にイラクサのとげを刺すと赤くはれ上がる。その様子をイメージしてじんましんという言葉を当てたものとみられる。

（2018年10月2日）

ツルマンネングサ

ベンケイソウ科　マンネングサ属
〈撮影地〉青森市安方　2015年5月30日

1990年代後半のことである。青森市桂木の自宅敷地に、ツルマンネングサが数株自生しているのを見つけた。花がかわいいのでそのままにしていたら、すこしずつ増えていった。近年は増える速度が速くなり、今では約4平方㍍以上までにも勢力を拡大した。

生育力が旺盛な植物で、街を歩いてみると、劣悪な環境をものともせず、さまざまな場所に生えているのが見られる。写真は、駐車場のアスファルトの隙間から生えているところを撮ったものだ。

花は種をつけないので、ちぎれた枝や葉から発根して新たな株をつくり繁殖していく、という。拙宅を購入してからしばらくは生えなかった。なぜ、どこから、やってきたのだろう。謎だ。

中国や朝鮮半島が原産。古い時代に大陸から渡来し帰化したものとみられている。

漢字で書くと蔓万年草。茎は地面を這《は》うので蔓、水をやらなくてもなかなか枯れないことから万年草、というわけだ。

図鑑に「韓国では栽培し生食する」と書かれている。で、庭から数本採り、軽く水洗いしてから、そのまま食べてみた。しゃきしゃきした食感。意外にくせがなく、多少青くささがある。といっても、ミズナ程度の青くささだ。ドレッシングをかけてみたら、普通の野菜のようにおいしく食べられた。

（2016年6月14日）

駐車場のアスファルトの隙間から生えるツルマンネングサ。円写真は花

ハマヒルガオ

ヒルガオ科　セイヨウヒルガオ属
〈撮影地〉青森市本町　2016年6月10日

草刈り後、ほどなく花を咲かせたハマヒルガオ。後方の茶色の部分は、草刈り直後とほぼ同じ状態。ハマヒルガオの復活の速さが際立つ

日本全土の海岸の砂浜に生え、群落をつくる代表的な海浜植物。ヒルガオに似て、砂浜に生えているからこの名がつけられた。

砂浜に漏斗《ろうと》状の花がたくさん咲いている光景は非日常的であり、人々の創作意欲を刺激するようだ。浜昼顔は俳句の夏の季語になっているほか、NHKラジオ連続ドラマ「君の名は」（1952～54年）の主題歌の歌詞にも使われている。君の名をハマヒルガオに聞いてみる、という内容だ。

海浜植物ではあるが、海に面している青森市では、海岸から150～200メートルほど内陸に入った場所でも自生している。同市安方では、電柱の際からアスファルトを突き破って生えてきた。

同市本町にある倉庫の際にも自生している。毎日のように観察し、いよいよ花の撮影ができそうだ、と出向いたら、タッチの差で刈り取られていた。このときは、さすがにわたくしの心は折れたが、ハマヒルガオはめげない。ほかの植物が草刈りからまだ回復しないうちに、つるを伸ばして群落をつくり直し、たちまち花を咲かせた。こうして撮影したのが、この写真だ。

ハマヒルガオの葉は、つやがあり、厚みがある。水分の蒸発を防ぎ、砂浜の強い直射日光から身を守るため、といわれる。

（2018年6月26日）

ドクダミ

ドクダミ科　ドクダミ属
〈撮影地〉青森市安方　２０１５年６月20日

飲食店の前に置いてあるブロックの隙間から生えるドクダミ

古来、民間薬として名が広く知られている日本在来種である。かつては、民家の日当たりが悪いところに群落をつくって生えていたが、今では日が照り付けるアスファルトの割れ目などにも元気よく生えており、生命力の強さをうかがわせている。

写真は、飲食店の前に置いているブロックの隙間から生えていたところを撮影したもの。見た目はなかなか美しく、観賞用にも十分耐えられる植物だ。

ただ、傷つけると独特な臭気を放つので、津軽地方では犬屁《いぬのへ》といったりした。この臭いはアルデヒド類による。

名の由来は不明だが、身体の毒素や痛みを取り去るといわれていることから、毒痛（ドクイタミ）が転じてドクダミになった、という説が有力という。

いかにも効きそうな臭いを放つドクダミ。その用途について同僚に聞いてみた。県南出身者は「転んで擦りむいたとき、ドクダミの葉をもんで貼ってもらった」。津軽出身者は「近所のお年寄りは鼻に持病があるということで、ドクダミの葉をもんで鼻に詰めていた」。これはワイルドだ。また「子どもがアレルギー性皮膚炎なので、ドクダミ茶を飲ませた」という同僚も。用途はさまざまだ。

それもそのはず、ドクダミの別名は「十薬」。応用の範囲が10を数える、という意味である。

（２０１６年６月21日）

ムシトリナデシコ

ナデシコ科　マンテマ属
〈撮影地〉青森市青柳　2016年6月3日

空き地に群落をつくるムシトリナデシコ。鮮やかな花の色が、道行く人たちの足をとめさせる。円写真は花

わたくしが子どもだったころの昭和30年代、ブームのようにどこの庭にもムシトリナデシコが生えていた。もちろん、拙宅の庭にも。植えたのか、自然に生えたのかは分からない。が、今の世、知る限りでは、庭先であまり見かけない。園芸植物としての価値が下がったのか。代わりに、市街地の空き地やアスファルトの隙間などに生えている。

南ヨーロッパ原産。日本では江戸時代末期に観賞用として導入され、その後、各地で野生化した。全国の荒れ地や道端などで、普通に見られる。

漢字で書くと虫取撫子。茎の上部の、葉の付け根と付け根の間に、茶色の粘液を付ける。これで虫を取る、と想像を働かせ名づけられた。しかし、いわゆる食虫植物と違い、捕えた虫を栄養源として消化吸収することはない。

生物の形態・構造に無駄なものはない、と言われている。では、なぜ、粘液を分泌するのか。根元から登ってくる虫をここでストップさせ、花を守っている、と想像する人がいるが、果たして…。

子どものころよくやったように、粘液を指で触ってみた。やっぱりねばねばした。なつかしい気持ちになった。

（2017年6月27日）

シロバナマンテマ

ナデシコ科　マンテマ属
〈撮影地〉青森市本町　2016年5月28日

青森港新中央埠頭付近の造成地を歩いていたら、道端でシロバナマンテマが薄紅色の花を咲かせているのを見つけた。

ヨーロッパ原産の帰化植物。観賞用として導入されたが、今では全国の海岸地帯や道端に広く野生化している。しかし、青森県内ではまだ少ないという。

花は、白色と薄紅色の2種類があるが、白色の花をもとに名がつけられたため、薄紅色の花なのにシロバナという、分かりにくい結果となった。

マンテマというと、青森県ではアオモリマンテマが知られる。白神山地然ヶ岳（水島正美さん採集）、暗門滝（高谷秦三郎さん採集）、旧相馬村屏風岩（細井幸兵衛さん採集）で採集された3点の標本をもとに1973（昭和48）年に新種として発表された。当時は不思議におもわなかったが、考えてみればマンテマとは珍妙な名ではある。

マンテマは、白地に赤い斑紋が入った花が鮮やかな植物で、江戸時代、観賞用として日本に入ってきた。当時はマンテマンと呼ばれたが、やがてマンテマになった。マンテマンは、Agrostemmaという属名(学名)が訛ったものではないか、とされているが、あまりにも無理があり、詳細は不明。

一般的にはシロバナマンテマよりマンテマの方が有名だが、分類上はシロバナマンテマの方が基本種である。

海岸に接した造成地で花を咲かせるシロバナマンテマ。名は白花だが、この花は薄紅色。円写真は花

ノハラナデシコ

ナデシコ科　ナデシコ属
〈撮影地〉八戸市内丸　2018年7月1日

八戸市内丸にある、狭い児童公園の一角に、ムシトリナデシコが数本花を咲かせていた。最初は、そのようにおもった。

が、なんとなく変だ。草丈がムシトリナデシコより高い、茎も太め、特有の粘液が無い。近づいてみたらびっくり。ムシトリナデシコの花は無紋で紅色一色なのに、この植物の花には白い斑紋が多数あったのだ。初めてみるノハラナデシコ（野原撫子）だった。

小公園の隅に咲くノハラナデシコ。円写真は花

ヨーロッパ原産。世界の温帯地域に帰化している。日本には1965年ごろ、砂防用植物の種子に混じって渡来した、との説があるが、はっきりしたことは分かっていない。野生化が初めて確認されたのは1967年、長野県で。今では本州から九州までに帰化している。

造成間もない道路の路肩や、住宅地、それに荒れ地、空き地で見られる。青森県内では、長野県で見つかったのとほぼ同時期に確認されている。

さて、ナデシコの名の由来について。日本では古くから、ナデシコというと、ピンクの花が美しいカワラナデシコをいった。大和撫子はカワラナデシコの別名だ。花がなんともいえずかわいいので、撫《な》でたくなるほどかわいい子、で撫子。これが名の由来。清少納言もカワラナデシコが好きだったようで、枕草子に「草の花はなでしこ。…いとめでたし」と記している。

夏

ヒルガオ・ヒメジョオン　2017 年 8 月 14 日　青森市長島

ノハナショウブ

アヤメ科　アヤメ属
〈撮影地〉青森市東大野　2018年7月2日

そろそろ夏。そんなころに花を咲かせるノハナショウブ。青森県内での見どころは、つがる市のベンセ湿原だ。6月上旬にはニッコウキスゲ、下旬から7月にかけては黄色から紫色に色を変え、ノハナショウブが湿原を彩る。お隣・五所川原市は、全国で唯一、市の花にノハナショウブを選んだ。

全国の湿原や湿った草地に自生。古くから人々に親しまれてきた。古今和歌集でも「花かつみ」の名で歌に詠まれている。

このノハナショウブ、絢爛《けんらん》豪華な花を咲かせるハナショウブの原種として知られる。江戸時代の天明年間（1781～1789年）、松平定寛がノハナショウブの改良を始め、その子松平左金吾が、福島県・安積沼のノハナショウブの実生から大輪花をつくることに成功、約200品種と栽培記録を後世に残した。

面白いのは、ハナショウブと名づけられたかなり後になってから、わが国植物学の祖・牧野富太郎が野生のハナショウブとの意味でノハナショウブと名づけたこと。原種の名が〝子孫〟の名に基づくなんて、なんだか変な感じだ。普通は逆だ。

湿地を好むノハナショウブがなぜ、青森市の市街地に。実はこの場所、コンクリートのU字溝が使われていない昔ながらの小川が流れている。本種にとって適した環境で、昔からここに咲いているのだろう。

本種は1994年から2014年まで、普通切手40円のデザインに使われた。

ビルの近くで花を咲かせるノハナショウブ。昔ながらの小川の岸から生えていた

ネジバナ

別名・モジズリ　ラン科　ネジバナ属
〈撮影地〉青森市新町　2015年7月15日

官庁街の芝地に群落をつくっているネジバナ。円写真は花

おそらくは、日本人に一番愛されている野草ではないだろうか。野草ファンはもちろん、そうでない人も、ネジバナの話になると、目がやさしくなる。

日本在来種で全国に分布、里山の、日当たりの良い草地に生える、というイメージを持っていたが、気をつけて見ると、市街地のあちこちにも生えている。日当たりの良い空き地や、官公庁の芝地に、ときとして群落をつくる。車道のL字側溝の隙間に生えているのを見たこともある。かれんな在来種だが、ひ弱じゃない。なかなかにしたたかだ。

花は小さいが、れっきとしたラン科植物。ランの仲間で人里に普通に生えているのは、意外なことにネジバナだけ、という。

漢字で書くと捩花。小さな花が螺旋《らせん》状に付くことが名の由来。古い言葉では「もぢずり」（捩摺）。これは、「しのぶもぢずり」という古い染色方法でつくった、布のねじれたような模様が由来。

気になるのは、ねじれの方向。研究者によると、左巻き、右巻き、巻き無し、のいずれもあるとのこと。巻きの方が違う花が隣り合っているのを見たことがある。

ネジバナの写真を撮っていたら「あら、ネジバナ。今年も咲いたのね」と言いながら女性が通り過ぎていった。これだけでも、ネジバナがいかに人気のある植物かが分かる。

（2015年8月18日）

ヨウシュヤマゴボウ

ヤマゴボウ科　ヤマゴボウ属
〈撮影地〉青森市新町　2015年7月15日

わたくしは長く、この植物名ヨウシュを洋酒だとおもい込んでいた。そして、なぜ洋酒なんだろうと疑問におもっていた。今回、調べてみたら、北米原産の帰化植物だから洋種と名づけられたことが分かり、愕然《がくぜん》。合点がいった。でも、多くの人はヨウシュとみれば洋酒を連想するんじゃないかなあ。

さて、根がゴボウ状なのでヤマゴボウ。しかし、有毒物質を含んでいるので、食べられない。誤食で中毒を起こす例がある、という。

日本には明治初期に侵入。今では空き地や道端などにふつうに見られる。市街地のあちこちでも生えている。鳥に食べられた実が、ふんとともに市街地に落ちるから、との説がある。

とにかくばかでかい。大きいもので2メートルにもなる。大きくなると邪魔なので、伐採されるケースが多く、切られた株が散見される。

全国の子どもたちと同じように青森県の子どもたちも、熟した果実で色水遊びをした。が、赤紫色の汁が衣服に付くと落ちず、困った人も少なくないのでは。

この色は以前、驚くような目的で使われた。世界有用植物事典によると「この実は昔、赤ワインの色付けに使われたが、今では使用が禁止されている」。

（2016年7月5日）

とにかく大きいヨウシュヤマゴボウ。市街地では、大きくなると邪魔なので伐採される運命にある。円写真は花と果実

ヤマゴボウ

ヤマゴボウ科　ヤマゴボウ属
〈撮影地〉青森市青柳　2014年6月8日

ヤマゴボウの仲間の主なものはヤマゴボウとヨウシュヤマゴボウの2種類。ともに大型の植物で高さ1・5メートルほどにもなる。このうち、市街地で目につくほとんどはヨウシュ…の方で、ヤマゴボウは非常に少ない。

中国北部原産の帰化植物。観賞用として人家に植えられることが多いが、それが時として野生化する。このため、見られる場所は人家の周辺に限られる。わたくしがヤマゴボウを見たのは、青森市青柳の建物と建物の間、それに同市橋本の駐車場の隅でだった。両地点は直線で約250メートルの距離。

ヤマゴボウとヨウシュ…はよく似ているが、以下の違いがある。ヤマゴボウは①花穂が直立（ヨウシュ…は垂れ下がる）②果実に筋が入り、分かれているのが分かる（同…つるんとしている）③雄しべがピンク色（同…白色）。

ところで、紛らわしい食品がある。「山ゴボウ」の名で売られている根菜の醤油《しょうゆ》漬けや味噌《みそ》漬けだ。これは、アザミの仲間のモリアザミの根を加工したものか野菜のゴボウを使ったものだ。成分表示にそう書かれている。本種ヤマゴボウとヨウシュ…の根は、有毒成分を含むため食べられない。くれぐれも食べないでいただきたい。

建物と建物の間に生えるヤマゴボウ。写真右上の葉は、近縁のヨウシュヤマゴボウ。円写真は花と果実

イヌトウバナ

シソ科　トウバナ属
〈撮影地〉青森市青葉　2016年7月3日

青森県内で見られるトウバナ属(別名クルマバナ属)の植物は8種あり、どれも似たような姿をしている。その中でも、トウバナ（塔花）とイヌトウバナ（犬塔花）の2種は、非常に似ている。

イヌトウバナは、写真で分かるように、花の塊が茎に段々についている。これが、五重塔などの塔をイメージでき、トウバナよりトウバナらしく見える。こちらこそがトウバナではないか、とおもうのだが、名に〝似て非なるもの〟の意味を持つイヌがつけられている。

イヌトウバナがかわいそうだとおもうが、日本で先に確認され命名されたのがトウバナ。その後イヌトウバナが確認され、既に名づけられているトウバナに似ているからイヌがつけられた、というのが実情だ。

トウバナは高さ15～30㌢と小さく、果実期でなければ塔をイメージできないが、イヌトウバナは20～50㌢と大きく、なかなかの存在感がある。そして、花期から塔をおもわせる。さらに、茎が直立するものもあるが、多くはなぜか斜めに立ち上がり、あのピサの斜塔を強くイメージさせる。

北海道から九州までの低山地の林縁や道端で見られる。トウバナは暖地系の植物で青森県が北限。一方、イヌトウバナは寒地系で北海道や東北地方に多い。青森県内ではトウバナよりイヌトウバナが多い。

ピサの斜塔のように斜めに立ち上がるイヌトウバナ。花の塊が段々に付いており、塔をおもわせる。円写真は花

水路から生えるイヌゴマ。湿った場所を好む植物だが、乾燥地でも十分生育できる。円写真は花

イヌゴマ

別名・チョロギダマシ　シソ科　イヌゴマ属
〈撮影地〉青森市東大野　2016年7月21日

　2000年ごろのことである。青森市桂木の自宅庭に、見たことのない植物が花を咲かせた。手持ちの図鑑で調べてみたらイヌゴマだった。きれいだったので、刈らずにいたら、毎年少しずつ増え、やがて〝爆発〟。庭がイヌゴマだけで、こんもり盛り上がるほどになった。

　これはいけない、と種子をつける前に刈り取ったら急激に減った。が、今でも庭の所々に生えてくる。繁殖力が、なかなか強い。ただ、不思議におもうのは、湿地や水路際など湿った場所を好むイヌゴマが、なぜ乾燥した庭に？

　日本在来種で北海道から九州に分布。青森県内でも各地で普通に見られる。

　各種図鑑によると、種子がゴマに似ているからイヌゴマ（犬胡麻）と説明している。この場合のイヌとは、動物の犬ではなく、「異な」「もどき」「似て非」「偽」という意味を持つ。

　しかし、個人的にはイヌゴマの種子は、ゴマとはあまり似ていない、とおもう。むしろ、花の付き方や草姿がゴマに似ている、とおもっている。ちなみにイヌゴマはシソ科、ゴマはゴマ科植物で、全く違う系統。イヌゴマは正月料理でおなじみのチョロギと草姿が似ていることから、チョロギダマシとも呼ばれる。

（2017年7月18日）

コショウハッカ

別名・セイヨウハッカ　シソ科　ハッカ属
〈撮影地〉青森市新町　2018年7月29日

ハッカ（英名ミント）の代名詞的存在はペパーミント。子どものときよく口にしたガムもペパーミント味だった。当時は、ペパーミントの意味も知らず、ただ「スースーする」とか言って喜んでいたものだった。

そのペパーミントは、日本ではコショウハッカ（胡椒薄荷）と呼ばれる。ヨーロッパ原産で、スペアミントとウォーターミントとの交配で生まれた品種といわれている。世界各地で香辛料として栽培され、古代ギリシャやローマでは浴用香料に使われた、という。すっきり清涼感のある香味が特徴のため、各種料理、リキュール、チューインガム、お茶、菓子、歯磨き、化粧品、薬用など幅広く利用されている。

日本には明治年間以降、ペパーミントの名で導入されたが、本格的なハッカ生産の原料となるまでには至らず、ハーブとして家庭レベルでの栽培が続けられてきた。それが逸出し、全国的に野生化した状態となっている。青森県では野生化の報告はあまりなく、2012年に八戸市で確認された記録がある。

青森市では、新町の舗装がされていない駐車場と、同市長島の空き地の隅に群落をつくっている。この2地点は直線距離で約150《メートル》。偶然、この2地点で発生したのか、それとも何らかの関係があるのか。強いハッカの香りに包まれながら、古代ギリシャやローマから使われてきた、悠久なる時空におもいをはせる。

ビルに囲まれた、アスファルト舗装がされていない駐車場の片隅に、コショウハッカの小群落があった。円写真は花

マルバハッカ

別名・アップルミント　シソ科　ハッカ属
〈撮影地〉青森市青葉　2016年8月24日

夏の日差しを浴びながら花を咲かせるマルバハッカ。近づくとむせかえるようなハッカ臭がする。円写真は花

個人的には夏の日差しがイメージされる植物である。ジリジリ照りつける太陽光を受けながら群落に近づき、カメラのレンズを向けると、むせかえるようなハッカ臭。たちまち汗が噴き出す。強い日差しと匂いにめまいを覚えながらの撮影である。

ヨーロッパ原産の帰化植物。各国で、千年以上にわたり、ハーブとして栽培されてきた。日本には明治時代のはじめに入り、旺盛な繁殖力で野生化した。

とはいっても、青森県内に入ってきたのは近年のことで、植物研究者は「1990年代後半、存在に気づいた。それまでは無かったとおもう」と話す。

市街地の空き地や民家の敷地内に群落をつくっているのがよく見られる。園芸品種のような花姿のため好む人が多いようで、マルバハッカ（丸葉薄荷）を観賞用に育てている人もいる。シソ科ハッカ属の植物で、葉が丸みを帯びているので、この名がつけられた。

別名アップルミント。料理の香りづけやハーブティーなどに使われる。アップルミントの方の知名度が圧倒的に高く、グーグル検索をしてみたら、ヒット件数は、マルバハッカの6千件台に対し、アップルミントは253万件もあった。

（2017年8月22日）

オオチドメ

ウコギ科　チドメグサ属
〈撮影地〉青森市新町　2016年7月10日

わたくしが子どものころ、遊び場は近所の原っぱだった。そこで遊んだのは、鬼ごっこ、陣取り、ゴム跳び、三角ベース野球、相撲など。当然のことながら、軽い擦り傷、刺し傷が絶えなかった。

そんなとき、誰からともなくやったのは、オオチドメ（大型のチドメグサという意味）の葉を摘み、傷口にペタリ。オオチドメの葉は肉厚で表面がてかてか滑らか。葉に唾液をつけ傷口に貼ると、ばんそうこうみたいに肌にぴったり貼りついたものだ。これで血が止まるとは誰もおもっていなかったが、一種のおまじないのようにやったことがおもい出される。このようにあちこちの原っぱにはオオチドメが普通に生えていた。

日本在来種で、草刈りされる湿った場所や野原、芝地に生える。が、市街地では官公庁の前庭など乾燥した草地にも平気で生える。

てっきり葉をそのまま傷口に貼るからチドメグサと思い込んでいたが、世界有用植物事典（1989年）を読んで目からうろこが落ちた。そこには「葉をもんで傷口に貼れば止血効果があるから血止草という」と書かれていたのだ。昔は誰も葉をもんだりしなかったぞ。そうおもい、念のため年配の方に聞いてみた。答えは「もまないよ。なめて貼るだけだったよ」。

（2018年12月25日）

官公庁のシバ主体の前庭に群落をつくるオオチドメ。茎頂の球体は花の集まり。円写真は花の集まり

オウシュウマンネングサ

別名・ヨーロッパタイトゴメ　ベンケイソウ科　マンネングサ属
〈撮影地〉青森市新町　2017年7月8日

庁舎前庭の地表を覆うオウシュウマンネングサ。微小でも多肉植物の一種だ。円写真は花

　庁舎の前庭が、黄色や赤の粘菌に覆われているように見えた。近づいて見てみたら、粘菌ではなく、マンネングサの仲間の植物だった。黄色は直径5ミリほどの微小な花の集まり、赤は茎や葉の下方の色だった。マンネングサは、ツルマンネングサのイメージが強いが、こんなにも小さなマンネングサがあるとは！

　本種は、ヨーロッパから北アフリカにかけて原産の多年生多肉植物。北アメリカやニュージーランドに帰化。日本では１９９９年、北海道釧路市で見つかり、今では各地に帰化している。小さくて強いことから、花のアレンジメントや鉢植えに利用されている。

　青森県では、釧路市で見つかった同じころから見られるようになり、港湾に近い空き地などに生えている。今のところ、勢力を広げる気配はみられない。

　名は原産地由来。マンネングサの名は、水をやらなくてもなかなか枯れないことによる。別名はヨーロッパタイトゴメ。日本在来種のタイトゴメに似ていることから、その名が付けられた。タイトゴメは漢字で書くと大唐米。唐は外国を意味する。すなわち大唐米は長粒米（外米）の意。葉の形を長粒米に見立てての名である。

ビロードモウズイカ

別名・ニワタバコ　ゴマノハグサ科　モウズイカ属

〈撮影地〉青森市長島　2015年7月3日

愚息が小さいころ、一緒に散歩をよくした。場所は自宅近くの広大な原っぱ。そこに高さ2メートル以上にもなる異形の植物が林立していた。茎の上部に果実がびっしり付いているのを見て「ポップコーンみたいだ」と愚息。なるほど。いい感性だ、と親バカ丸出しで感心したものだった。それが、ビロードモウズイカだった。

見るからに帰化植物の姿をしているこの植物は、ヨーロッパから西ヒマラヤ原産。各国で観賞用に栽培され、日本にも明治年間初めに観賞用として導入され、ニワタバコという名で栽培された。1株に20万個前後という膨大な数の種子をつけるため各地で野生化。とくに北海道に多い。

青森県内には1960年代に入り、市街地の空き地や道端で普通に見られる。アスファルトやコンクリートの隙間など劣悪な環境でも平気で生えている。

葉が毛深いからビロード。モウズイカ(毛芯花)は、毛が生えた雄しべ、という意味。しべを芯(ずい)ともいう。

繁殖力が強い植物だが、他の植物を駆逐する攻撃的な外来植物とは違う。その理由は、種子の発芽には開けた場所が必要で、どこにでも生えるわけではないからだ。逆にいえば、アスファルトなどの隙間からよく生えているのは、そこは他の植物が入り込まない開けた場所だからだ。

コンクリートの隙間から生えるビロードモウズイカ。円写真は花

(2017年12月19日)

モウズイカ

別名・エサシソウ　ゴマノハグサ科　モウズイカ属
〈撮影地〉青森市第二問屋町　2016年7月7日

「あおもり　まち野草」が東奥日報の火曜日付夕刊に連載されていた当時、読んだ読者から時々、「こんな花が咲いていますよ」という情報提供を受けた。感謝し、できるだけ現場を訪れ、確認することにしてきた。

趣味が同じ友人から「事務所構内にモウズイカのような植物生えていますよ。まだ撮影していないのならいらっしゃい」という電話を受けた。モウズイカというとビロードモウズイカが著名で、どこにでも生えているが、それとは違うとのこと。仕事場が近くなので、すぐ行ってみた。

彼の事務所の裏手、アスファルトとコンクリートの隙間からモウズイカが生えていた。草丈はけっこう高く、まばらにつけた黄色い花が美しい。五角形のつぼみがなんともかわいい。

欧州～北アフリカが原産。明治時代に観賞用として日本に入り野生化。北海道、東北を中心に分布しているが、青森県内では多くない、という。その後、青森市安方の駐車場でも生育を確認した。

漢字で書くと毛芯花。雄しべに赤い毛が生え、しべを芯（ずい）というのが名の由来。北海道江差町に群生していたため、エサシソウという別名がある。

（2016年12月13日）

アスファルトとコンクリートの隙間から生えるモウズイカ。円写真は花とつぼみ

ベニバナセンブリ

リンドウ科　シマセンブリ属
〈撮影地〉青森市桂木　2016年7月13日

青森市の住宅街に、不思議な空き地がある。ほかの空き地と違って丈の高い草がまったく生えないのだ。生えているのはミヤコグサ、カワラハハコ、シロツメクサなど丈が低いものばかり。よく見ると、地表をなんとなく覆っているのはシバだ。太陽の光を求めるには、丈の高い植物と共存できない植物ばかりだ。

初夏になればこの空き地に、ベニバナセンブリが花を咲かせる。広い空き地に、ピンクの花が点々と広がる光景は、非現実的ですらある。この植物もまた、丈の高い植物と共存できないのだろう。

ヨーロッパ原産の帰化植物で、大正時代の中ごろ、観賞用に輸入され、それが野草化し、広まった。1960年ごろ、広島県呉市で、野草として盛んに繁殖しているのが確認されている。

センブリは民間薬で有名。センブリはリンドウ科センブリ属。これに対しベニバナセンブリはリンドウ科シマセンブリ属の植物。名にセンブリがついても民間薬のセンブリとはグループが違う。

ちなみにセンブリは漢字で書くと千振。牧野日本植物図鑑によると「千回振り出しても苦いから」が名の由来。この場合の「振り出す」は、漢方薬を煎じ出す、という意味。

なお、同地からほど近い青森市浜田の空き地でも本種が見られる。この空き地にもやはり、丈の高い植物は生えていない。

空き地に群落をつくり花を咲かせるベニバナセンブリ。円写真は花

（2016年7月26日）

オカトラノオ

サクラソウ科　オカトラノオ属
〈撮影地〉青森市長島　2017年7月15日

歩道の植樹帯に生えるオカトラノオ。同じ並びの複数の植樹帯にも生えている。円写真は花

里山で普通に見られる植物である。林道の脇や林の縁、あるいは草原など日当たりの良い場所に群落をつくっている。

このように里山のイメージが強い植物だが、青森市中心部の植樹帯に毎年、花を咲かせる。里山から持ってきた土に種子が混じっていたためなのだろう。さらに言うなら、この歩道の同じ並びにある複数の植樹帯や植樹枡《ます》にもオカトラノオが生えている。同じ場所から土を搬入した可能性が高い。

花穂の形がユニークである。この形を虎の尾に見立て、さらに丘のような草原に生えているのでオカトラノオだ。

しかし、なぜ虎なのだろう。犬の尾、猫の尾じゃだめなのか。おそらくは、古来中国では百獣の王といえば虎で、それが日本に伝わったから、花の形→動物の尾→虎の尾、という発想で名づけられたのだろう。

オカトラノオは1本だけ生えることはまずない。群落で生える。その秘密は地下にある。細長い地下茎が多数あり、これを伸ばして増える。だから群生する。

面白いのは群生している花の向きがほぼ同じであること。写真は正午ごろ撮影したもので、花穂はいずれも東を向いていた。なぜなのだろう。

（2018年7月17日）

ヒルガオ

ヒルガオ科　セイヨウヒルガオ属
〈撮影地〉青森市緑　2015年8月23日

ヒルガオというとすぐ、封切りで観たカトリーヌ・ドヌーブ主演の名画「昼顔」（1967年）をおもい浮かべる。ストーリーはほとんど忘れてしまったが、彼女の美しさだけが記憶に残っている。

彼女扮《ふん》する貞淑な妻が、娼婦として働く話。午後2時から5時までなら、という要望を受け入れた経営者が、昼顔という源氏名を与え、それがタイトルになった。

アサガオは朝に咲いてすぐしぼむ。一方ヒルガオは日中に咲いて夕方しぼむ。言い得て妙の源氏名である。

夏になれば、青森市内のあちこちで花を咲かせる。緑地帯、植樹枡《ます》、空き地…。ヒルガオは、実を結ぶことは極めて少なく、根で増える。緑地などに搬入した土に、分断されたヒルガオの根が入っていたため、そこから芽を出し繁殖していったものとみられる。

ヒルガオは江戸時代から東日本で広く、アメフリバナ（雨降り花）と呼ばれていた。この花を摘むと雨が降る、というのだ。青森県内でも昔、鰺ヶ沢町でアメフリバナと呼ばれ、子どもたちは摘むことがなかった、という。

なぜ、ヒルガオを突拍子もなくアメフリバナというのだろうか。日本気象協会のサイトは「今日だけはそのまま咲かせておいてあげたい、という思いから生まれた言葉かもしれない」と推し量っている。夏を彩る花へのおもいが込められている言葉なのだろうか。

（2016年8月30日）

夏の街角を彩るヒルガオ。気をつけて見れば、市街地のあちこちで花を咲かせているのが分かる

コヒルガオ

ヒルガオ科　セイヨウヒルガオ属
〈撮影地〉青森市安方　2015年7月4日

歩道の隙間に根ざし、車道の縁石までつるを伸ばすコヒルガオ。円写真は花柄の両側に付いている〝ひれ〟

青森県内では少ないコヒルガオを見つけた。場所は、青森市柳町通りの歩道。写真を撮ったが、研究者から「葉の形だけではコヒルガオとは断定できない。花柄上部の〝ひれ〟の有無が決め手になる」と言われた。そこで現場に戻ったが、花は終わっていた。

再び花が咲くのを待った。が、生えている場所は、ねぶた祭での、ねぶた待機場所。心配になって行ってみたら、見るも無残に踏み荒らされていた。それでもコヒルガオは再びつぼみをつけ、花を咲かせた。花柄には〝ひれ〟がついていた。

日本在来種。ヒルガオより花や葉が小さいためコヒルガオ（小昼顔）だ。全国の道端や空き地に生えるが、ヒルガオは北日本に、コヒルガオは西日本に多い。

コヒルガオは普通、自家受粉ができず、根で増える。このため、基本的には実をつけない。しかし、由来の異なるヒルガオが近くに花を咲かせた場合、結実することがある。

コヒルガオとヒルガオの区別はかなり難しい。典型的なコヒルガオの葉をつけても〝ひれ〟が無い中間型が、青森市内でもけっこう見られる。このようなものは、コヒルガオとヒルガオの雑種のアイノコヒルガオ、と提唱する研究者がいる。

タケニグサ

ケシ科　タケニグサ属
〈撮影地〉青森市安方　2016年7月10日

伐採地や崩壊地に、いち早く侵入する植物として知られている。が、ずっと住みついているわけでなくやがて、どこかに行ってしまう。民俗学者の柳田國男はこの現象を「流転はまことにこの一族の運命であったかと思われる」と野草雑記（1936年）に書いている。

市街地にも姿を見せる。青森市安方の空き地に若いこの植物を見つけたわたくしは、知人を介して、撮影が終わるまで草刈りを待ってもらうよう、地権者にお願いした。こうして撮ったのがこの写真。草丈2メートルにもなるから、花を付ける前に刈られてしまうのでは、と恐れたからだ。

子どものころ、近所の空き地にこの植物が生えた。茎を折ると黄褐色の汁が出る。子どもたちは、この汁を脚に塗れば、かけっこが速くなるんだ、と競って塗った。わたくしも塗ったが、鈍足は変わらなかった。軽く落胆したのを今でも鮮明に覚えている。

この汁、実はピロトピンを主とするアルカロイドを含む毒液。皮膚がかぶれるというが、幸いなことに子どもたちの誰もかぶれなかった。かつては、この有毒成分を茎ごと煮出し、殺虫スプレーに使ったほど毒性が強いという。

漢字で書くと竹似草。茎が空洞で竹に似ているのが名の由来だ。漢字だと分かりやすいが、片仮名になると分かりにくい。

歩道と空き地の境から生えるタケニグサ。円写真は花

（2016年11月15日）

イタドリ

タデ科　ソバカズラ属
〈撮影地〉青森市桂木　2014年8月9日

姿がでかい野草である。葉の大きさは、クズとともに、野草の中では横綱級。この葉を飼料に、と目をつけたシーボルトが1840年代中期、ヨーロッパに持ち込んだ。が、飼料としては役に立たなかったようで、欧米では観葉植物として庭園に植えた。そこから野生化してどんどん広まり、いまでは要注意侵略外来植物に。

日本在来種で、道端、空き地、土手などどこにでも生える。春に太い若芽を出す。これをスカンポといい、シュウ酸を含むため、かじると酸っぱい。雌雄別株で、雄株には雄花だけが咲く。葉に鎮痛効果があるため、名の由来は、痛みをとるから痛取（イタドリ）との説がある。

川釣りで珍重される餌のサシトリは、イタドリの茎の中にすむアズキノメイガというガの幼虫。サシトリは青森、岩手、秋田県などでのイタドリの方言である。餌の名はこの方言にちなむ。

深浦町横磯地区ではイタドリの枯れた茎を集め薪代わりに使った。燃えるとドン、ドンと破裂音がするので、イタドリのことをドンガラ（殻）と呼んだ、という。

（2017年8月8日）

市街地の斜面で大きく展開するイタドリの群落。円写真右は雄株の花、左は雌株の花

シャクチリソバ

別名・ヒマラヤソバ　タデ科　ソバ属
〈撮影地〉青森市本町　2018年7月16日

まち野草観察のフィールドにしている青森市本町の空き地に、ソバの仲間のシャクチリソバが生えていた。原産地が北インドから中国にかけてであることから、別名ヒマラヤソバという。

シャクチリソバは、ルチンを多量に含む。ルチンは、血管強化作用があるため、高血圧や脳出血の治療や予防に効果がある、といわれている。そば屋さんの壁の貼り紙にも、よくそう書かれている。

空き地に生えるシャクチリソバ。かつてはルチンの原料として、各地で栽培された。円写真は花

これらの薬用のため、昭和の初めに日本に移入、東大付属小石川植物園で栽培された。1960年ごろから各地で、ルチンの原料として盛んに栽培されたが、それに代わる植物が使われてからは、急速に栽培が減少した。その結果、各地で野生化、道端や空き地などに生えている。北海道では、ブルーリストに選定し、環境に悪影響を与えるのかどうか、調べていく考えだ。

シャクチリソバという珍妙な名の由来は、中国での生薬名が赤地利であることから、そのまま日本語読みをしたもの。ソバの仲間ではあるものの種子はエグみが強く食用には向かないが、若葉は野菜として食べられる、という。

青森県内では、茶花や生け花としての需要があり、茶道や華道をたしなむ人が庭に植えている、という。空き地で見つけたシャクチリソバは、そのような場所から種子が運ばれて来たのかもしれない。

サナエタデ

タデ科　イヌタデ属
〈撮影地〉青森市青葉　２０１４年８月３日

住宅地の空き地で花を咲かせるサナエタデ。現在、この場所には集合住宅が建っている。円写真は花

「赤まんま」（赤飯）の愛称で親しまれているイヌタデの仲間は、似たものが多く、見分けがなかなか難しい。わたくしはその中で、サナエタデが気に入っている。オオイヌタデほど巨大ではなく、イヌタデよりは大きくて存在感がそこそこある。そして、葉が細く、なんとなくシャープ感があり小粋に見える。あくまでも個人的見解だが。

　イヌタデ類の多くは夏から秋にかけて花を咲かせるが、このサナエタデは例外的に開花が早く、5～6月という田植えの季節に開花することからサナエ（早苗）が名に与えられた。青森県内では、6月の開花はあるにはあるものの、やはり主流は7月以降の開花だという。

　しかしサナエタデの花期が遅くなる場合は、オオイヌタデと花期が重なり、両者の識別が難しくなる。おおよその見分け方は次の通りだ。サナエタデの①花穂は直立している（オオイヌタデは花穂の先端が垂れ下がる）②葉脈は15～20対（同20～30対）③茎の節は膨らまない（同膨らむ）。

　北海道から九州の道端や畑地、水田のあぜ道などに生える。また、北半球の暖帯や温帯に広く分布している。日本在来種だが、麦栽培に伴い渡来した史前帰化植物との説もある。

クサイ

イグサ科　イグサ属
〈撮影地〉青森市長島　２０１５年７月15日

漢字を当てると、「臭い」ではない。「草藺」である。イグサは葉が無く、円筒形の茎のみからなっているが、クサイには葉がある。だから、草のようなイグサということで草藺と名づけられた。

市街地が大好きな植物のようで、道端に多い。とくにアスファルトや歩道ブロックの隙間など、ほかの植物が入り込まないような環境を好む。卵型の果実をたくさんつけ、１つの果実に１００個以上の種子が入っている。種子は０・４ミリと小さい。

道端に多く生えているのには、理由がある。それは極小の種子の表面を粘液が覆っており、人の靴裏に貼りつき、移動できるからだ。つまりクサイは、人に踏みつけられることにより勢力を拡張できるのだ。だから、人が多く歩く道端や歩道に多く生えている、と推し量ることができる。

関心をひかれることは、ほかにもある。クサイは日本在来種なのか、北アメリカ原産の帰化植物なのか、図鑑によって見解が分かれているのだ。その割合はおよそ半々。最新の植物分類情報が収録されている「植物分類表」（大場秀章編著、２０１１年）と「日本維管束植物目録」（米倉浩司著、２０１２年）も意見が分かれる。大場は在来種説、米倉は帰化植物説をとる。

身近でどこにでも生えている植物だが、なかなか興味深いものがある。

（２０１８年７月10日）

官庁街通りの歩道。石畳みの隙間から株立ちするクサイ。円写真は果実

フトイ

カヤツリグサ科　フトイ属
〈撮影地〉青森市東大野　2016年7月13日

名「フトイ」は「太い」ではなく「太藺」。すなわち、太い藺草《いぐさ》という意味。ところがこの植物、イグサ科ではなくカヤツリグサ科に属する。正しくは、太い藺草のような植物、である。イグサに似た草姿をしているため、藺の名を借りた。イグサにしては茎が太いことから、名に「太」がついた。

とにかくでかい。1・5〜2メートルはある。青森市東大野の水路で、ガマ、ミクリ、ミゾソバなどと混生しているが、存在感たっぷりのガマと並んでも、まったく見劣りしない。青森県内の湿地や池沼で普通に見られる。全体がほとんど茎だけ。葉は小さな鞘《さや》状で茎の根元を少し包むだけだ。

フトイの古名は大藺草。これを詠んだ柿本人麻呂の歌が万葉集に収録されている。

「上つ毛野　伊奈良の沼の大藺草　外に見しよは　今こそ勝れ」

折口信夫の現代訳をかみくだけば、次のような意味になる。「上野の伊奈良の沼に生えている大藺草のように、遠く離れて見ていたときよりは、近くでお会いしている今の方が、あなたはずっと立派（すてき）です」。たしかにフトイは、近くで見る方が迫力を増す。

名が今のフトイになったのは江戸時代のことといわれる。

茎の高さが2メートルもあるフトイの群落。そのでかさに圧倒される。円写真は花穂と花（小穂）

ヤマアワ

イネ科　ノガリヤス属

〈撮影地〉青森市浜田　２０１４年７月５日

動物のしっぽのような大きい穂が特徴的なヤマアワ。車道縁石の隙間から生えている。円写真は花

７月になれば、市街地のあちこちに、動物のしっぽのようなふさふさした大きな穂をもつイネ科植物が出現する。これがヤマアワである。植物に「出現」という言葉を使うのはまったくおかしいのだが、つい使いたくなる。それほど、急に現れる、との印象をもつ。歩道の植樹枡《ます》に、手入れをしていない花壇に、コンクリートやアスファルトの隙間に現れ、大きな穂を風に揺らせている。なんとも優美なたたずまいだ。

なぜ急に現れる、との印象をもつのか。穂をよく見ると、その理由が分かる。開花前の穂は枝を閉じ、茎にぴったり貼りついているため細く見え、目立たない。それが開花期になると、穂の小さな枝が一斉に開き、動物のしっぽのように広がって見えるのだ。

ではなぜ、開花期になると枝が開くのか。これは想像でしかないが、花粉を飛ばしやすくするためではないだろうか。種の保存を求めて植物は進化する。その一例ではないか、とおもう。

北海道から九州まで分布している日本在来種。名は、漢字で書くと山粟。山地に多く生え、穂の姿が、食用にもなるアワに似ているのが名の由来。しかし、この植物は食用にはならない。

（２０１５年８月４日）

カナリークサヨシ

イネ科　クサヨシ属

〈撮影地〉青森市本町　2018年7月16日

実にユーモラスな姿の植物群落が空き地の一角を占め、目を引いた。長さ1メートルほどの茎の先端に円錐《えんすい》状の穂を1個だけつけている。遠目には、〝りんご飴〟を逆さまにしたものが、たくさん立っているように見えた。

カナリークサヨシ。その名を聞いたとき、「ん？アフリカ大陸北西部にある、カナリア諸島原産の植物なのだろうか？」と勝手におもい込んだ。しかし、カナリア違いだった。種子がペット鳥カナリアの餌として使われてきた長い歴史から、カナリークサヨシと名づけられたのだった。

名の通りクサヨシの仲間。地中海原産で、世界中に帰化。種子は、愛鳥家の間ではカナリーシード（カナリアの種）として知られる。日本には江戸時代末期、カナリアの餌用に導入され、それが各地で野性化、今では全国の市街地の道端などで見られる。青森県内では1955年ごろから目につくようになったが、まだ少ないという。

この植物の種子は栄養価があり、鳥用の餌に一般的に使われている雑穀と比べ、タンパク質も脂肪もかなり多く含んでいる。このため現在も、カナリアの代表的な餌に使われている。脂肪分を多く含むため、カナリアにとっておいしく感じるようで、雑穀と混ぜて与えても、この種子だけを〝狙い食い〟するという。

ユニークな姿のカナリークサヨシ。その種子は、ペット鳥カナリアの餌に使われている。円写真は花穂

オオアワガエリ

イネ科　アワガエリ属
〈撮影地〉青森市浜田　2014年7月19日

円柱状の穂が特徴的。マンガチックな形は子どもたちの好奇心を誘い、遊び道具によく使われた。昔の話である。

ユーラシア原産。世界中で牧草として栽培され、日本に導入されたのは1874（明治7）年。北海道で試植したのが最初だ。そして、全国で栽培されるようになった。牧草名はチモシー。オオアワガエリという名は知らなくても、チモシーなら知っている、という人は多いはずだ。18世紀初めに米国にこれを導入したチモシー・ハンセンの名にちなむ。

青森県産業技術センター畜産研究所によると、青森県内の現在の主要牧草は、このチモシーとオーチャードグラス（カモガヤ）の2種。「北海道や東北など寒冷地に適した牧草だから」という。

牧草として広く栽培されるにつれ、道端や樹園地などに拡散。外来生物法で要注意外来生物に指定された。牧草地では優秀な牧草として評価され、外に出ると害草扱い。毀誉褒貶《きよほうへん》が激しい植物だ。

名は大型のアワガエリの意味で漢字では大粟還り。各種図鑑などの説を総合すれば、粟に似るが、粟の穂は実ると重みで曲がる。それがまっすぐに復元した状態を〝還り〟と表現した、という。ひねり過ぎの感が否めない命名だとおもう。素直にまっすぐの状態をあらわす名にすれば良かったのに。

円柱状の穂が特徴的なオオアワガエリ。円写真は花

（2016年8月9日）

コヌカグサ

イネ科　ヌカボ属
〈撮影地〉青森市緑　2016年7月24日

広い空き地の縁のあたりで群落をつくるコヌカグサ。円写真は花

コヌカグサ（小糠草）というと、すぐ小糠雨を連想する。欧陽菲菲の大ヒット曲「雨の御堂筋」（1971年）の歌詞の冒頭の「小ぬか雨」が強く脳裏に刻まれているからだろう。藤沢周平の短編「小ぬか雨」もよく知られている。

新明解国語辞典によると、小糠雨は「霧のように細かく降る雨」のこと。群生しているコヌカグサが花をつけているとき、遠くから見ると、まさに小糠雨をおもわせる。花穂についている小穂が小さいため、そう見えるのだ。

ヨーロッパ原産。日本には江戸時代末期から明治初期にかけて、牧草として入り、全国で野生化した。青森県にも、日本に導入されてからまもなく入ったものとみられ、今では空き地や道端に普通に生えている。

飼料のほか、道路の法面《のりめん》や土地の緑化、あるいは河川敷などの土壌侵食防止用に利用されている。このような土木関係に利用される場合は、コヌカグサという和名ではなく、商品名のレッドトップが一般的に使われている。

ただ、牧草や緑化のために品種改良されたさまざまな系統が日本に入り帰化しているので、コヌカグサとひとことで言っても変異が大きい。

（2017年7月11日）

ウシノシッペイ

イネ科　ウシノシッペイ属
〈撮影地〉青森市本町　2018年8月1日

青森市本町の空き地で、その植物の名を教えてもらったとき、あまりの異様さにのけぞってしまった。音だけ聞いて「牛の疾病」とおもってしまったからだ。が、もちろん、牛の疾病なわけがない。正しくは「牛の竹篦《しっぺい》」だ。

竹篦とは、禅寺で、お坊さんが座禅参加者の眠気を戒めるため、肩をたたくときに使う、平らな竹の棒のこと。一方、放牧している牛を移動させるとき、笹竹などを〝むち〟にして、牛の尻をたたく。この植物を牛追いの〝むち〟に見立て、さらに、同じたたく道具の竹篦をイメージして名づけた。命名した植物学者は、なんと想像力豊かな人なんだろう。そして、なんと語彙の豊富な人なんだろう。

日本在来種のイネ科植物。本州から九州まで分布、野原や草地、河原の湿ったところを好んで生える。草丈が1メートルほどで、ひょろ長く見える。

イネ科植物は、たとえばカモガヤのように、茎の先端部分に小さな穂を多数付けるのが一般的だ。しかしウシノシッペイの穂は、見た目には穂ではなく、先がとがったつるつるの丸棒。この丸棒の節々から、雄しべと雌しべをいきなり出すのだ。現実離れしたユニークな名と姿は、植物観察会で人気を集める。

青森県内では普通に見られるが、京都府、愛媛県、鹿児島県ではレッドデータに選定している。

花を咲かせるウシノシッペイの群落。円写真は花。茎からいきなり花が咲いているように見える

メヒシバ

イネ科　メヒシバ属
〈撮影地〉青森市新町　2017年8月2日

夏から秋にかけ、全国で最も普通に見られる植物である。青森県内も同様で、道端、空き地、畑などあらゆる場所に生えている。

市街地では、街路樹の植え込みなどに多く生えているほか、コンクリートやアスファルトの隙間など劣悪な環境でもたくましく生える。日本在来種とはおもえないほどの強さで、まるで帰化植物並みのバイタリティーだ。

放射状に広がる線のような花穂が特徴的で、わたくしは気に入っているが、繁殖力が旺盛で駆除しにくいため、嫌われ者だ。

オヒシバ（雄日芝）に対し、弱々しいのでメヒシバ（雌日芝）。ただ、弱々しいのは外見だけで、その実態は前述の通り、したたかだ。夏の強い日差しでも元気に生える芝、という意味。じっさい、夏の最初のころまでは、まったく姿を見せず、真夏になると一斉に姿を現す。オヒシバは暖地系の植物で、青森県内では非常に少ない。

こんなにたくさん生えているのなら、利用する手はないか、と考える人たちがいる。宮崎県の畜産農家は、メヒシバを牛の飼料に利用し、飼料自給率を高めている。また、千葉県ではメヒシバなどを利用した家畜向けサイレージ（発酵飼料）の試験に取り組み、結果は良好だった、という。

（2017年10月3日）

歩道と建物の隙間に生えるメヒシバ。放射状に広がり、線香花火をおもわせる花穂が特徴的だ。円写真は花

カゼクサ

イネ科　スズメガヤ属
〈撮影地〉青森市安方　2015年8月16日

青森市柳町通りの、中央分離帯と車道の隙間から生えるカゼクサ。白い線は横断歩道。円写真は花

風草。中国名の知風草に由来する。人が気づかないほどの微風でも、この草が揺れると風があることを知る、という意味。なんとも風雅な名である。

しかしカゼクサはしっかりした体で、見た目はあまり繊細ではない。同じイネ科植物であれば、はかなげな体のナガハグサの方が、カゼクサという名を与えるのにふさわしい気がするが、いまさら言っても詮無きこと。

日本在来種。日当たりの良い道端に普通に生え、夏になれば穂をつける。穂は、小穂をまばらにつけており、すこし離れて見ると線香花火のよう。個人的にお気に入りの野草のひとつだ。

踏まれても枯れず、引き抜こうとしてもなかなか抜けない。茎も強靭《きょうじん》で、引きちぎることができない。風雅な名とは裏腹に、力強さを感じさせる。別名ミチシバ（道芝）、チカラグサ（力草）という。

似た名の植物は俗称・風知草。こちらの和名はウラハグサで、野草でありながら観葉植物として知られる。プロレタリア文学の作家宮本百合子の作品に「風知草」がある。読んでみたが、この小説に出てくる植物は、やはりウラハグサで、カゼクサ（知風草）ではなかった。

（2016年9月13日）

チゴザサ

イネ科　チゴザサ属

〈撮影地〉弘前市西茂森　2017年8月20日

墓参りで弘前市の禅林街に行くたび、まち野草を求めて禅林広場に足を運ぶことにしている。隣の長勝寺の植生は里山そのものだが、禅林広場はまち野草が主体だからだ。

禅林広場の芝地に群落をつくり、花を咲かせるチゴザサ。円写真は花

お盆のころ、禅林広場で花を咲かせているのはチゴザサだ。葉がササに似て、小さいので稚児をつけて、チゴザサだ。

小穂は細い枝にまばらについているため、遠目にはモビールのように見える。小穂は2つの小さな花で構成されており、花期になれば、羽毛状の2つの雌しべがあらわれ、どことなくユーモラス。

日本在来種で、日本全国の湿地や水辺に多く生えている。そのような地を好む植物が、なぜ乾燥した場所であるはずの台地状の禅林広場に生えているのか。実は、チゴザサが生える禅林広場の芝地にはコケ類が見られるなど、台地でありながらなぜか湿潤なのだ。知らずに、腹ばいになって野草を撮影しているとき、衣服を濡《ぬ》らしたことがある。もしかして、一帯の地下水位が高いのか、あるいは水はけが悪いのか。

ところで、園芸植物にもチゴザサという名を持つ植物があるからややこしい。

こちらはケネザサの斑《ふ》入り品種で、別名シマダケという。地表を覆う緑化目的で利用されている。

イヌビエ

イネ科　ヒエ属

〈撮影地〉青森市青葉　2014年8月31日

空き地に群落をつくっているイヌビエ。この場所は現在、住宅団地となっている。円写真は花

秋、手入れが悪い水田を見ると、稲より草丈が高い植物がたくさん生えているのが目につく。これがイヌビエだ（近縁のタイヌビエやケイヌビエも生えているが、分類が紛らわしいので、ここではすべてイヌビエとして扱う）。

イヌビエに養分を収奪されないようにするため、小さいうちに除草しなければならないが、草姿が稲とよく似ているため、見分けが難しい。それを見分け、小さいうちに除草するのが篤農家だ。

イヌビエは水田の強害草だが、市街地の空き地や道端にも多く生えている。

漢字で書くと犬稗。犬は役に立たないという意味。つまり、食用栽培のヒエと似て非なるもの、が名の由来だ。

日本では、イヌビエが改良され栽培ヒエになった、と考えられている。この両者はゲノム（すべての遺伝情報）が同じ、という。とすれば、本来は、先祖のイヌビエが「ヒエ」、子孫のヒエが「イヌビエ」と名づけられるべきだったのではないか、とおもう。

三内丸山遺跡年報（2013年度、県教委）に興味深い記述。遺跡からイヌビエの種子が見つかった、というのだ。「縄文時代前期から、イヌビエが利用され始めた証拠」と同年報は推察している。

（2015年9月1日）

ケイヌビエ

イネ科　ヒエ属
〈撮影地〉青森市東大野　２０１４年10月12日

青森市東大野に、ヨシが群生しているところがある。ヨシに混じり、ひときわ異彩を放っている植物があった。ケイヌビエだ。長さ20《センチ》もあろうかという花穂の剛毛（芒《ぼう》という。ノギともいう）が長いもので４《センチ》もある。しかも芒の色が紫褐色。これだけでも異彩。そして、草体が１《メートル》50《センチ》ほどという偉丈夫。色と芒の長さ、そしてでかさから異彩を放っているように見える。

植物の分類では、ケイヌビエは、母種にあたるイヌビエの変種。イヌビエは、芒が無いうえ、ケイヌビエに比べれば花穂が小さく、丈も低いことから華奢《きゃしゃ》に見える。イヌビエの変種で、芒（毛）が長いことからケイヌビエだ。

日本在来種。水田の害草として知られており、本州以南の水辺や湿地に自生している。今は宅地化された同市青葉の広い空き地にも、以前生えていた。ここは湿地ではなかったが、おそらくは奥野地区区画整理事業が行われた前は湿地で、ヨシ原が広がっていた場所とおもわれる。その名残だったのだろう。

２０１８年の夏。同市本町の空き地で、イヌビエに混じって、ケイヌビエとおぼしき植物が十数株生えていた。まるで、童話のみにくいアヒルの子のように非常に目立っていた。研究者に見てでもらったら、イヌビエとケイヌビエの中間のような形態とのこと。全国でも、このような中間型が多くあるという。

ヨシの群落に混じりながら、圧倒的な存在感を示すケイヌビエ。円写真は、花と芒（剛毛）

ダイコンソウ

バラ科　ダイコンソウ属
〈撮影地〉青森市安方　2018年7月15日

青森市中心部。建物と建物の間の、日の当たらない細長い空間。そこに、まさかのダイコンソウが花を咲かせていた。北海道から九州まで、里山の道端に普通に見られる日本在来種。根元の葉が、大根の葉に似ているとのことで、この名がつけられた。

さて、里山植物の本種がなぜ、この場所に生えていたのだろうか。まず考えられるのは、種子が土砂とともに、この地に運ばれてきたとの推論。だが、わたくしはこれには否定的だ。建物の一つに老舗喫茶店が入っており、約50年間利用してきたが、この間、土砂の搬入がされたこともないし、ダイコンソウが生えているのを見たこともないからだ。

種子が里山から運ばれてきた可能性が大きいと考える。そのヒントは種子の形にある。花が終わると雌しべが伸びて、先端にS字状のものをつける（円写真参照）。種子が熟すと、S字状のものが半分取れ、先端が鉤《かぎ》状になる。この鉤が人の衣服や動物の毛に引っかかり、遠くに運ばれる。最初から鉤状にならないのは、種子が熟さないうちに運ばれると、移動先で発芽しない可能性があるからだ。巧妙な戦略である。

こうして、里山から運ばれてきた種子が市街地で衣服から離れ、風に乗って、この地に行き着いた、と推理したい。

建物と建物の間の狭い場所で花を咲かせるダイコンソウ。本来は里山の植物。円写真は花と果実

キンミズヒキ

バラ科　キンミズヒキ属
〈撮影地〉青森市新町　２０１８年７月29日

人の衣服や動物の毛につく植物の果実を俗称〝ひっつき虫〟という。こうして種子は運ばれ、勢力を広げる。植物のしたたかな戦略の一つである。

くっつく方法は①先が鉤《かぎ》状に曲がった針が果実から多数出て鉤が衣服に引っかかる②果実の表面が面ファスナー状になっている③果実の表面から出る粘液でくっつく—などがある。キンミズヒキの場合は①である。

子どものころやった遊びは、キンミズヒキの果実をたくさん採り、仲間のセーター目がけて投げつけること。果実がセーターにびっしりつき、取るのに一苦労する。仲間も負けじとわたくしに投げつける。たまに、果実を取り忘れたまま衣服を洗濯することがある。再びその衣服を着たとき、茶色に変色した果実が、しぶとくくっついていることがある。

果実を他人に投げつけるいたずらは、老境に入った今でも時々やる。秋山登山の帰りがその舞台となることが多い。

里山の道端で普通に見られる植物だが、市街地で見ると妙に新鮮。土と一緒に種子が運ばれたのか、種子が人にくっついて運ばれたのか。

長い花穂を水引に見立て、黄色い花を金色に置き換え金水引（キンミズヒキ）だ。

市街地の駐車場の隅に生えるキンミズヒキ。果実が衣服にくっついた経験は誰にもあるはず。円写真は花と果実

ウイキョウ

別名・フェンネル　セリ科　ウイキョウ属
〈撮影地〉青森市青柳　2018年7月25日

堤川の橋のたもとから生える ウイキョウ。大きくて華やか。圧倒的な存在感がある。円写真は花

とにかく大きい。2メートルに達するものもある。そして黄色い花が満開のときは圧倒的な存在感がある。青森市内で野生化したものが所々で見られる。中には、自分の敷地に接する所に自生したウイキョウを観賞用として大事に育てている家もある。もっとも非常に大きくなるため、邪魔にされ、切られてしまうものも少なくない。

地中海沿岸の原産。古代エジプトやローマで栽培された、最も古い作物の一つ。日本へは9世紀より前に、中国を経て渡来した。香辛料（フェンネル）、野菜、薬用として世界中で栽培されている。家庭菜園でハーブ目的に植えられているケースがあり、それらが逸出し野生化している。果実は健胃効果があり、漢方薬の安中散や、太田胃散、仁丹などにも使われている。

ウイキョウの名の由来は、生薬名「茴香」（ウイキョウ）によるもので、ウイは茴の唐音、キョウは香の漢音。中国では、この植物が魚肉の香りを回復させるというので、茴香と名づけられた。

ウイキョウは古代ギリシャ語でマラトンと呼ばれる。このため陸上のマラソン競技に名を残しているマラトンは、ウイキョウの群生地だったことに由来する、という説がある。

ノラニンジン

セリ科　ニンジン属
〈撮影地〉むつ市小川町　２０１４年７月27日

むつ市街地で咲き乱れるノラニンジン。むつ市内では驚くほど繁殖している。円写真は花

わが目を疑った。夏、下北半島の国道２７９号を北上するにつれ、沿道に白い花が増え続け、むつ市の中心部に入ったら、道端、空き地、庭…いたるところで咲き乱れていたのだ。なんという非現実的な光景。

この白い花はノラニンジン。青森市中心部では中央大橋などで見かけるていどだが、むつ市では驚くほどの繁殖ぶり。

西アジアから地中海地域が原産で、日本など世界の温帯に広く帰化している。漢字で書くと野良人参。野に生えているのが由来。だが、英語では「アン女王のレース」と高貴な名がついている。花を白いレースに見立てたものだ。

日本の植物学の父といわれる牧野富太郎は、栽培ニンジンが畑から逃げて野生化したのがノラニンジン、と図鑑に書いたが、無理がある。今は、栽培ニンジンの原種がノラニンジン、との考えが主流だ。

青森市郊外に生えているノラニンジンを引き抜いてみた。１１０センチの草丈に対し、根は25センチ。最大直径が２センチ弱の白くて細長い根で、栽培ニンジンのように赤くはなかった。非常に堅い根だったが、切ってにおいをかいでみると、まさしくニンジンのそれだった。

（２０１５年９月８日）

セリ

セリ科　セリ属

〈撮影地〉青森市青葉　2014年8月14日

住宅街に設置された側溝の脇に小さな群落をつくるセリ。青森市内ではこのほか、東大野の水路でも見られる。円写真は花

栽培植物のイメージが強いが、れっきとした野草である。もっとも栽培の歴史は古いというから、野草のイメージが薄れているのはしかたがない。

水田のあぜ道や湿地、小川などに自生するが、市街地でも水路や側溝の脇に人知れず生えている。青森市東大野の大きな水路では、ヨシやフトイなどとともに、底にたまった泥から生え、群落をつくっている。

セリといえば、春の七草をおもい浮かべる人が多い。その中でセリだけが多年草で、ほかの6種は一年草である。また、7種のうちセリとカブ（すずな）の2種だけが万葉集に出てくる。それだけ古くから親しまれ、万葉の昔からセリと呼ばれていたことが分かる。春の七草の初出は、室町時代初期に成立した源氏物語の注釈書「河海抄」とされている。

セリの名の由来は、新芽のころたくさん出てくる姿が、競り（セリ）合って伸びているように見えることから。

新芽のころは猛毒のドクゼリ（別名オオゼリ）と簡単には区別がつかないので注意が必要だ。大きくなれば、ドクゼリの葉をちぎったとき、強烈な悪臭がするので、すぐ区別できる。

（2018年7月31日）

ヤブジラミ

セリ科　ヤブジラミ属
〈撮影地〉青森市大野　2014年7月19日

歩道の縁で花を咲かせるヤブジラミ。円写真は花と果実。果実は、昆虫のシラミを連想させる形をしている

オオイヌノフグリ、タチイヌノフグリ、ヘクソカズラなどと同じように、かわいそうな命名をされた植物である。

里山の道端や林縁など藪《やぶ》に生え、果実が動物の毛や人の衣服にくっつくことからシラミにたとえた。

くっつくのは、3ミリ前後の果実の表面が、鉤《かぎ》状に曲がった硬い毛で覆われているため。牧野日本植物図鑑（1940年）をはじめ大方の図鑑は、そのように名の由来を記している。が、これだけだとシラミと名づけられる合理的必然性がない。なぜなら、くっつく果実はほかにもたくさんあるからだ。わたくしは個人的に、こうおもっている。果実の形がずばり、昆虫のシラミに似ていることが、命名の最大要因だと。

幼少期を昭和20年代後半から30年代初めに過ごした身にとって、ノミ、シラミは極めて身近な昆虫で、本種の果実を見ると、シラミを素早く連想してしまう。

日本在来種。全国の原野や低山地の道端などで普通に見られる。しかし、市街地ではほとんど見られない。今回、市街地に生えていたのは、種子が土と一緒に里山から運ばれてきた結果とみられる。

キカラスウリ

ウリ科　カラスウリ属
〈撮影地〉青森市花園　2016年7月21日

花は盛夏に咲き、実は初冬に色づく。青森市桜川でキカラスウリを身近に見ている友人は「黄色い実に雪が乗った姿は、非常に趣がある」と話す。

　里山の植物というイメージが強いが、同市桜川をはじめ、市街地でもけっこう目につく。家屋の外壁が一面、キカラスウリで埋め尽くされているところもある。

　赤い実をつけるカラスウリは暖地系で福島県あたりまで。青森県に生えているものは、すべてキカラスウリである。

空き家の壁を葉で埋め尽くし、妖艶な花を咲かせるキカラスウリ。円写真は果実

　なぜカラスウリ？　名の説はさまざまある。その一。スズメに対するカラス。鳥で植物の大小を表し、カラスは大きいという意。その二。人はこれを食べないので、カラスをつけた蔑称。その三。実は長期間、つるがぶら下がっているので、カラスが残したもの、あるいはカラスの忘れ物に見立てた。いずれも、もっともらしい。

　カラスウリの実の中にたくさんの種が入っており、種は打出の小槌《こづち》の形をしているため、種を財布に入れ縁起をかつぐ人が多かったとか。キカラスウリの、長さ約10センチの実には20～30個の種が入っているが、こちらは変哲もない柿の種形。

　青森県の津軽地方では昔、熟したキカラスウリの果肉をしもやけの薬に利用した、と伝えられている。

（2016年11月8日）

ゼニアオイ

アオイ科　ゼニアオイ属
〈撮影地〉青森市中央　2016年7月23日

夏、庭先の主役の一つはタチアオイ（立葵）だろう。草丈2メートル以上、花の直径は10センチ。絢爛《けんらん》豪華そのものの艶《あで》やかさ。ゼニアオイ（銭葵）はそのミニ版。草丈は数十センチ、花の直径は4センチほどだ。

ゼニアオイはヨーロッパ原産。各国で観賞用に栽培されている。日本には江戸時代に導入された。しかし現在は観賞用としての役目を終え、人家近くのアスファルトの隙間や空き地などで野生化しているものが見られる。

名の由来について、牧野日本植物図鑑（1940年）は「花の形による」としているが、どう見ても花は銭形には見えない。一方、世界有用植物事典（1989年）は「種子が環状に付き、古銭に似ていることに由来する」と記している。

そこで、自宅近所に自生しているゼニアオイの実を手に取って見てみたら、なるほど穴が空いた銭に見える。世界有用植物事典の説に軍配を上げたくなる。

余談だが、津軽地方の子どもたちは昔、タチアオイをコケコッコと呼んでいた。鶏のとさかよろしく、タチアオイの花びらを額やあごに付け、コケコッコと叫んで遊んだ、という。なんと北海道の一部でも、コケッコというそうだ。青森県と北海道の交流を物語るエピソードだ。

車道脇のコンクリートの隙間から生えるゼニアオイ。円写真は花と銭形の果実。驚くほど古銭に似ている

スイセンノウ

別名・フランネルソウ　ナデシコ科　マンテマ属
〈撮影地〉青森市新町　2018年7月22日

茎と葉の全体が白い毛に覆われ、ビロードのような触感。そして深紅の花。鮮やかなコントラストが目にまぶしいスイセンノウは、昔も今も夏の花壇の常連さんだ。

しかし近年、庭や花壇から逃げ出して、野生化しているものが、ずいぶん目につくようになってきた。夏の太陽の下、アスファルトの隙間や空き地など意外な場所で見る、妙になまめかしい花色に、はっとさせられることも。

青森市造道にある親類の家を訪ねたときも異空間だった。広い広い空き地状態の敷地に、スイセンノウの大群落があったのだ。「いつの間にか入ってきて、知らないうちに大群落になってしまった」と家主。青森県内では1965年ごろから野生化したものが見られるようになった。

南ヨーロッパ原産。世界各国同様、日本でも観賞用に導入された。漢字で書くと酔仙翁。センノウという植物群の仲間で、赤い花を酔った顔に見立て、この名がつけられた、といわれる。

ちなみにセンノウは室町時代、中国から渡来、京都市嵯峨の仙翁寺で栽培され、茶花として人気があった植物。センノウの名は仙翁寺に由来するとの説がある。

別名フランネルソウ。ビロードのような葉や茎の触感を布のフランネルに例えた。

アスファルトの隙間から自生するスイセンノウ。円写真は花

ヌカイトナデシコ

ナデシコ科　カスミソウ属
〈撮影地〉青森市古川　２０１４年8月30日

乾燥しきった児童公園の地面に小群落をつくるヌカイトナデシコ。円写真は花

真夏の太陽がじりじり照りつける日だった。まち野草の観察をしながら青森市の市街地を歩き、古川地区の児童公園に来たときのこと。ピンクの小さな花を咲かせている植物が目に入った。本当に小さいのに、乾燥しきった公園の地面で元気に生えている。なんと生命力の強いことか。

一瞬、ウスベニツメクサかとおもったが、その植物が花を咲かせるのは春。しかも、茎が地面を這《は》う。今回の植物は茎が直立し、草姿がまるで違っていた。帰化植物のヌカイトナデシコだった。

ヨーロッパ原産。花屋さんでよく目にするカスミソウの仲間で、１９６０年代に園芸植物として日本に入ってきたが、あまり需要がなく、そのうち野生化。１９９７年、神奈川県横浜市で自生が初めて確認された、非常に新しい帰化植物だ。青森県内にいつ入ったのかは不明だが、現在では各地で見られる。

草丈が低い植物はふつう、丈が高い植物が生える草むらを嫌う。しかし本種は構わず生える。青森市緑の空き地で見た。帰化植物らしい強さを感じさせる。

名のヌカ（糠）は細かい、イト（糸）は細いという意味。つまり名は、葉が非常に小さくて、茎が糸のように細いことに由来する。

シロバナシナガワハギ

別名・コゴメハギ　マメ科　シナガワハギ属
〈撮影地〉青森市青葉　2016年7月13日

急に増えてきた植物、という印象がある。少なくとも、わたくしの子どもの時代は目にすることはなかった。それもそのはず、専門家によると青森県内では、昭和の終わりごろまでは、極めて少なかった。そのころ群生していたのは青森市南部の月見野森林公園。植物研究者や同好者は、月見野まで足を運び、観察したという。

それが今では、市街地の道端や空き地で、ごく普通に見られる。空き地全体がこの植物で埋まっているところもある。高さ1・5メートル以上にもなり、非常に目立つ。壮観ですらある。全国も同じで、ごく普通に生えている。

中央アジア原産の帰化植物。スイートクローバーという名の牧草として日本に入ってきたが、「19世紀半ばに入った」という記述があれば、「戦後に入った」とする情報もあり、時期ははっきりしない。しかし牛に与えると、ビタミンKの作用を抑え、中毒症状を起こすことが分かり、牧草としては成り立たず、そのうち野生化し各地に広まった。

同じグループの、黄色い花を咲かせるシナガワハギは江戸時代末期、東京の品川付近で見つかったのでその名がついた。本種はシナガワハギに似て白い花をつけるため白花品川萩。白い花を小米（砕け米）に見立て、コゴメハギの別名がある。

空き地に群生するシロバナシナガワハギ。市街地ではごく普通の植物だ。円写真は花

（2017年7月4日）

クララ

マメ科　エンジュ属
〈撮影地〉青森市本町　2016年7月24日

海岸近くの造成地に生えるクララ。毎年同じ場所に生える。円写真は花

名の由来がすごい。根をかじると、くらくらするほど苦いため、くらくらが転じてクララになったという。うそみたいな話だが、本当のようだ。この草は全体が有毒。毒の成分はアルカロイドのマトリン。毒は薬にもなり、健胃薬や駆虫剤などに使われている。

外国が原産の植物のように勘違いされるが、れっきとした日本在来種。奈良時代の風土記や平安初期に編集された日本最古の薬物事典「本草和名」など多数の文献に載っている。

日当たりの良い草原などに生えているが、開発などで数を減らし、佐賀、愛媛、鹿児島県ではレッドリストに選定している。写真のクララは造成地に生えていたもので、種子が土と一緒に持ち込まれたものとみられる。

草原は昔、家畜のえさを採るため草刈りが盛んに行われた。家畜に害のあるクララは刈り残され、勢力を広げた。しかし、馬が農業機械に置き換わるにつれ、草刈りの必要がなくなり、草原は森林や、かん木地帯へと変化していった。

このためクララを食草とするチョウのオオルリシジミが各地で姿を消していった。青森県では弘前市の工藤忠さんが1978年6月、岩木山麓で撮影したのが最後の記録となった。

コメツブウマゴヤシ

マメ科　ウマゴヤシ属
〈撮影地〉青森市本町　2018年7月12日

空き地に群落をつくり、花を咲かせるコメツブウマゴヤシ。円写真は花と実。実が米粒のように見えることから、この名がついた

　青森港新中央埠頭《ふとう》の〝根元〟付近を歩いていたら、空き地にコメツブウマゴヤシが花を咲かせているのを見つけた。かなり広範囲に群落をつくっていた。遠目には一瞬、コメツブツメクサか、とおもったが、コメツブツメクサは春に花を咲かせる。コメツブウマゴヤシの花期は初夏から夏だ。

　両者とも黄色い小さな花をつけるが、よく見ると、花の形が違う。コメツブツメクサの花はシロツメクサを小さくしたような感じ。これに対しコメツブウマゴヤシはムラサキツメクサの花を小さくしたようなイメージだ。あくまでも個人的見解ではあるが。

　ヨーロッパ原産。日本には江戸時代に渡来。すぐれた牧草や緑肥植物とのことで、広く利用されたが、今では全国各地で帰化、空き地、道端、造成地などに生えている。青森県内では1980年ごろから見られている。

　ウマゴヤシという植物の仲間で、果実が米粒のように見えるからコメツブウマゴヤシだ。ウマゴヤシは、馬を肥やすほど優れた飼料という意味。

（2019年1月22日）

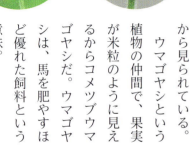

セイヨウミヤコグサ

マメ科　ミヤコグサ属
〈撮影地〉青森市浜田　2016年8月11日

空き地に群落をつくるセイヨウミヤコグサ。円写真は花

広い空き地のかなりの部分を、さながら黄色いじゅうたんで埋め尽くすかのような、この植物を初めて見たときは、わが目を疑った。なんと大きなミヤコグサかと。そして、なんと豪華な花をつけるミヤコグサかと。

ヨーロッパ原産の帰化植物セイヨウミヤコグサだった。ミヤコグサは通常、花茎の先端に2個の花をつけるが、セイヨウ…は5個前後。またミヤコグサは地面に張りつくように生えるが、セイヨウ…は高さ50㌢ほどにもなる。両者は、変種関係にある、ごく近い間柄だ。

セイヨウ…は、バーズフットトレフォイルの名で世界中で栽培されている牧草。バーズフットの名の由来は、種子が入った果実が、細長くて放射状なことから、鳥の足に見立てたもの。

日本でも牧草用に持ち込まれ、寒冷地を中心に牧草の試験栽培が行われた。それが野生化、1970年代の初め、北海道や長野県で帰化植物として確認され、その後、全国の日当たりの良い道端などで見られるようになった。青森県には1985年ごろから入り、今では県内各地で見られる。

花のつき方が豪華なことから、現在は緑化用や景観用としての需要がある。

クサフジ

マメ科　ソラマメ属
〈撮影地〉青森市筒井　2018年8月25日

青い森鉄道筒井駅の駅舎の真下で花を咲かせるクサフジ。円写真は花

青森市の青い森鉄道筒井駅は高架駅。その真下を歩いていたら、クサフジが豊かな花房をつけているのを見つけた。

いわゆるフジは、花の一つひとつが上から下に向かって咲いていく。そして木（木本植物）。一方、クサフジは花が下から上に向かって咲いていく。花房と葉がフジに似たつる植物で、草（草本植物）なので、草藤（クサフジ）という名が与えられた。花の構造がよく似ているのは両者とも同じマメ科植物だから。

日本在来種で、日本各地に広く分布、日当たりの良い里山の道端、堤防や土手、林の縁などで普通に見られる。

牧野日本植物図鑑（1940年）は「クサフジは牧草に利用することができるが、わが国ではまだ利用されていない」と、もどかしげに記している。これに対し、牧草や緑肥用に導入されたのが、クサフジによく似たナヨクサフジだった。

ナヨクサフジはヨーロッパ原産。法面《のりめん》や河川敷の緑化にも使用されたため野生化。場所によっては在来のクサフジより多く見られるとのこと。青森県では1990年ごろからナヨクサフジが目にされるようになってきたが、まだクサフジよりは優勢ではなく、競合関係にもない、という。

ツルフジバカマ

マメ科　ソラマメ属

〈撮影地〉青森市浜田　2015年8月23日

空き地に生えるツルフジバカマ。毎年花を咲かせてきたが、現在この地には住宅が建っている。円写真は花

ヒメシロチョウという、とても可憐《かれん》なチョウの幼虫が食べる草がツルフジバカマであることは、昆虫が好きな人であれば誰でも知っている。昆虫少年だったわたくしももちろん知っていた。

それでも平内町小湊で、本種の大きな株の周りをヒメシロチョウが数匹、実際に舞っていたのを見たときは、このチョウの食草であることを実感し、感動したものだった。植物の研究者が「昆虫同好者は、なぜかこの植物を知っているんだよね」と不思議がる理由はここにある。

日本在来種で、原野や低山地に普通に生えているが、市街地のあちこちでも見られる。青森市桂木の午砲台公園にも自生しているが、まめに草刈りが入るため、なかなか花が見られない。

漢字で書くと蔓藤袴。つる植物で花は藤色だから蔓藤。ここまでは分かる。しかし、袴の意味が分からない。ある図鑑は「紫色の花をフジバカマの花になぞらえたもの」と書いているが、キク科のフジバカマとは似ても似つかない形だし、色もフジバカマよりかなり濃い。ほかの図鑑も「一つの花を見た場合、がくを腰に、花弁を袴に見立てた」「花穂全体が紫色の袴に見えなくもない」と苦しい解説。名の由来は分からない、というのが真相のようだ。

ツルマメ

マメ科　ダイズ属

〈撮影地〉青森市本町　2018年8月25日

造成地や空き地、野原などで普通に見られる日本在来種。

とくに青森市本町の空き地では大群落が一面に広がり、圧巻。つるがほかの植物に絡みながら勢力を広げ、遠目にはマット状に広がっているように見える。

つる植物で、豆ができるから蔓豆（つるまめ）。名は江戸時代に確立し、江戸時代後期の植物図鑑「草木図説」などで見られる。

ツルマメは、ダイズの原種と考えられている。山梨県北杜市の遺跡から、ツルマメの種子の跡が付いている縄文前期土器が見つかった。また、青森市の三内丸山遺跡からもツルマメの種子が見つかっている。これらはツルマメが食用として栽培されていたことを示すものだ。

帝京大学の中山誠二教授の研究によると、ツルマメを栽培することにより、「縄文中期（紀元前4千年後半～紀元前3千年前半）から種子の大型化が目立つようになった」という。

中山教授は「縄文の人々が寒さと乾燥から種子を保護するため深く耕したことにより、大型化したダイズが増加した」と、野生のツルマメから栽培型のダイズが出現したプロセスを推論している。ロマンを感じさせる植物だ。

他の植物に絡みつくツルマメ。ダイズの原種と考えられている。円写真は花と種子

ヤハズソウ

マメ科　ヤハズソウ属
〈撮影地〉青森市石江　2018年8月25日

野外観察会で人気の植物だ。「葉の先を指でつまんで引っ張ってみてください」。講師の言う通り参加者がやってみると、葉脈に沿って、矢羽根のように切り取られる。「おーっ、すごい」。参加者は一様に驚く。じっさい、わたくしもやってみたが、おもいのほか簡単に矢羽根状に切り取れた。

矢羽根を図案化した家紋が、矢筈《やはず》紋。葉の切り口が矢羽根に似ていることから矢筈紋を連想し、この植物の名の由来になった、といわれている。

矢筈とは本来、矢の端の、弓の弦をつがえる凹《へこ》みをいう。だから、矢筈紋とはまったく違う形をしている。いにしえのどなたかが、矢羽根紋とすべきところを、意図してか、あるいは間違えてか、矢筈紋と称し、それがこの植物の名に影響を及ぼしたのではないか、と個人的におもう。

日本在来種で、日当たりの良い空き地や道端に生える。競合植物の無い場所では草丈が低いが、ほかの植物があると、光を求めて茎を上に伸ばす。

北米がヤハズソウを移入し、ジャパン・クローバーという名の牧草として利用したことがあるが、日本では利用されることはなかった。

空き地に群落をつくるヤハズソウ。円写真は右から花、葉、葉の先端を引っ張って切り取った後

クズ

マメ科　クズ属
〈撮影地〉青森市港町　2016年8月14日

防潮堤近くの空き地で群落をつくるクズ。一帯には、花から発せられる得もいわれぬ芳香が漂う。円写真は花

クズは古くから、人々にとって身近な植物であり続けている。

山上憶良は万葉集で、クズを秋の七草のひとつに選定。万葉集では、クズを題材にした歌が18首あり、多くは、そのたくましさを詠んだものだ。

根から採り出されるデンプンは、涼やかなくず切りに。また根は、漢方の風邪薬として著名な葛根湯《かっこんとう》の主原料。戦後の食糧難時代、青森県内ではクズのデンプンをおかゆにして食べ、飢えをしのいだ。サツマイモ大や長芋大になった根茎をたたきつぶし、水にさらしてデンプンを得た、という。

大きな葉は、炭水化物やたんぱく質に富み、牛馬の優れたえさとなった。

全国の道端、空き地、土手、林縁に普通に生える。旺盛につるを伸ばし、ときには樹木や空き家を丸ごと覆ってしまうほど。日本在来種とはおもえない力強さだ。日本では害草のイメージはないが、1930年代、土壌浸食防止のために導入した北アメリカでは、爆発的に増え、生態系に重大な影響を与えた。

大和国（奈良県）吉野の国栖《くず》の人たちが、良質なクズを生産し売り歩いたので、国栖が転じて葛《くず》といわれるようになった、という。葛《かずら》はつる植物の総称でもある。

（2017年8月1日）

ヘビノネゴザ

イワデンダ科　メシダ属
〈撮影地〉弘前市百石町　２０１６年８月２日

植物は、一般的概念からすると、肥沃《ひよく》な土に生える、というイメージがある。しかし、このヘビノネゴザは、普通の植物が嫌う鉛、銅、亜鉛、カドミウムなど重金属が多い場所に好んで生え、しかも体内に高濃度の重金属をため込むというから変わっている。

この風変りな性質を植物学雑誌に最初に発表したのは、植物学者の三宅驥一。題は「へびのねござト鉱質トノ関係」。東京帝大（現東大）学生時代の１８９７（明治30）年のことだった。

鉱山地帯や鉱石の捨て場にヘビノネゴザが群落をつくることは、三宅が発表した当時からすでに、鉱山関係者の間では周知の事実だったようで、鉱床を探す指標植物として利用されてきた。だから別名、金草《かなくさ》、金山草《かなやまそう》ともいわれている。

十和田湖畔西側の鉱山跡で、鉱石が大量に捨てられた場所にも、この植物の大群落がある。ほかの植物が入り込めない場所に独占的に群落をつくる姿は、植物の生存競争のひとつの結果といえるかもしれない。

北海道から九州にかけて普通に分布するシダ植物。青森県内でも、コンクリートの隙間などに生えているのが見られる。中心市街地の建物と建物の間の、狭くて薄暗い場所にも生えている。

ヘビノネゴザは漢字で書くと「蛇の寝御座」。この植物の群生地でたまたまヘビを見た人が、それを〝布団〟にヘビが寝る姿を連想したのだろうか。想像たくましい命名者である。

（２０１６年12月27日）

商店街の側溝の底に根付き、格子をくぐり抜けて生えるヘビノネゴザ

オモダカ

オモダカ科　オモダカ属

〈撮影地〉青森市浜田　2016年8月28日

いま、青森県内の市街地の水路は、ほとんどがコンクリートのU字溝になったが、一部まだ昔ながらに土のところがある。そこにひっそりとオモダカが花を咲かせていた。

日本在来種で水田や水路に生え、万葉の昔から、人々に親しまれてきた。枕草子に「おもだかは名が面白い。思い上がっているような…」という趣旨の一文がある。葉を顔に見立て、葉柄の上に高く葉をつけるため面高（おもだか）。葉がそっくり返って上を向いていることから、清少納言が言うのも分からないでもない。

オモダカというと棟方志功をすぐに連想する。志功の少年時代、水田に不時着した飛行機を見に行こう、と走っていたところ小川で転び、目の前のオモダカの花の美しさに感動した、という。有名なエピソードだ。少年時代の強烈な思い出が、のちに板画の背景にオモダカを多く配することとなった。

葉を矢尻に見立て勝ち草と称し、戦国大名に好まれた。福島正則や、若いころの毛利元就、羽柴秀吉はオモダカを家紋にした。

歌舞伎役者の屋号・沢瀉屋《おもだかや》もこの植物に由来する。現在の宗家は4代目市川猿之助。正月料理などに使われる縁起物の作物クワイはオモダカの栽培品種だ。

（2017年9月26日）

市街地を流れる水路に生えるオモダカ。円写真は右が雄花、左が雌花

ヘラオモダカ

オモダカ科　サジオモダカ属
〈撮影地〉青森市東大野　2018年8月4日

夏、青森市東大野にある排水路の底を見たら、白い小さな花が咲いていた。コンクリート製のU字型の水路は深く、下りられない。

翌年の夏、また花を咲かせた。こんどは持参した脚立を使って底に下り、撮影することができた。ヘラオモダカだった。日本在来種で、全国に分布、北海道と東北に多い。水田、ため池、水路などに生える。青森県内でも普通に見られ、市街地の湿地にも適応している。

オモダカの仲間で、葉が〝へら〟の形をしているからヘラオモダカと名づけられた。

東大野の水路は水の流れがなく、底にやわらかな泥がたまっている状態。ヘラオモダカは、ガマ、フトイ、ミクリ、ミゾソバなどと混生していた。一方、青森市石江のコンクリート水路では、ミズアオイとともに、きれいな流水の中で生育していた。適応の幅がかなりある植物だ。

ヘラオモダカは、ゲンゴロウの産卵用の水草として知られている。かつて、どこでも見られたゲンゴロウだが、今では青森県を含む45都道府県で絶滅危惧種に指定されている。ゲンゴロウの雌は葉の軸をかじって穴をあけ、軸の髄に産卵、孵《ふ》化《か》した幼虫はその穴から出てくる。

コンクリート製のU字型の排水路に生えるヘラオモダカ。円写真は花と〝へら状〟の葉

ヤマノイモ

ヤマノイモ科　ヤマノイモ属
〈撮影地〉青森市青葉　2014年8月3日

今や高級食材になったヤマノイモ。自然薯《じねんじょ》といった方が通りがいいかもしれない。もともとは日本在来の野草で、里山や郊外の道端に普通に見られる。とくに林の縁に多い。

しかし、注意して見れば、市街地のあちこちでも見られる。住宅街のフェンスに絡みついたり、ビルの植樹帯に生えたり、といかにも力強い。

見るたび、芋を掘ってみたい、という誘惑に駆られるが、そんなことが許されないような場所に生えている。なぜ、市街地にたくさん生えているのだろうか。里山から運ばれてきた土に、むかごや種子などが混じっていたためだろう。

名の由来は里で育つ里芋に対し、山の芋だから、といわれている。奈良・平安時代の書物にも、山伊母（やまいも）など今と同じ呼び名で登場、古くからの呼び名であることが分かる。雌雄異株で、雄花はほとんど開かない。

葉のわきに付く1センチほどのむかごは繁殖器官で、新たな植物体になる。栽培に利用され、食用にもなる。食用では、むかごの炊き込みごはんが著名。現代でも人気の料理だ。

（2018年11月27日）

フェンスに絡んでつるを伸ばすヤマノイモ。雄花の花穂が立っている。円写真は雄花（右）とむかご

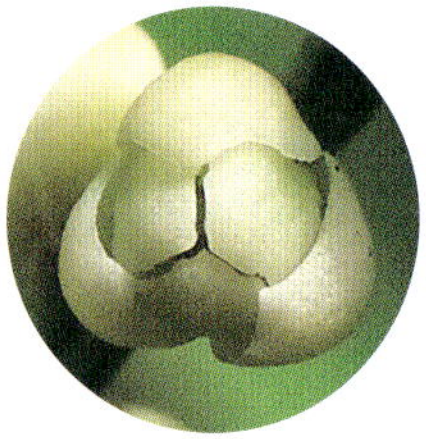

オニドコロ

別名・トコロ　ヤマノイモ科　ヤマノイモ属
〈撮影地〉青森市安方　2017年8月13日

ビルの植樹帯で繁茂しているオニドコロの雌株。円写真は右から雄花、雌花、果実

ビルの植樹帯に植えられているツツジに混じって、ヤマノイモが繁茂していた。ん？　花が違うものもある、なんだろう。よく見たら、ヤマノイモとオニドコロが混生していた。葉だけを見ると、両種区別がつかないほど似ている。

日本在来種で山野に普通に生えているつる植物。根茎が土と一緒にビルの植樹帯に運ばれてきたものとみられる。雌雄異株で、雌株には雌花だけ、雄株には雄花だけをつける。

古くから知られた植物で、万葉集に2首詠まれ、原文では「冬薯蕷葛」（ところづら）との表記だった。その後、この植物は「ところ」と長い間呼ばれてきた。近年、近縁のヒメドコロより葉が大きいのでオニ（鬼）の名が与えられた。

現在、オニドコロを野老と表記する。エビの長い触角を翁のひげに見立て海老と表記するのと同じように、根茎のひげ根が長いため翁のひげに見立て野老というわけだ。長寿の縁起物として、オニドコロのひげ根は、エビとともに正月飾りに使われる。

ガガイモ

キョウチクトウ科　ガガイモ属
〈撮影地〉青森市長島　2018年7月8日

古事記や日本書紀に登場する植物の数は、わたくしの想像をはるかに超える多さだ。ガガイモもその一つ。ただし、当時は「かがみ」といった。なぜ「かがみ」なのか、そしてなぜ「ガガ」なのか、名の由来は分かっていない。

国道に接するアスファルト歩道の隙間から生えるガガイモ。背景は青森県庁。円写真は花と果実

さて神話。大国主《おおくにぬし》が国造りに取り組んだとき、スクナビコナという神が遠くから、ガガイモの果実のさやの船に乗ってやってきて、国造りに参加した、と伝えられている。

ガガイモの果実は10センチにもなる大きさで、熟すと二つに割れる。丸木舟のような形や、非日常的な大きさから船をイメージしたのだろう。

果実が熟すと、さやから絹のような長い毛をつけた種子が無数に出てくる。昔の人は、この毛を集め、印肉用や針刺しに使った。津軽地方ではガガイモをゴマチョと呼び、青い果実を針刺しに使った。縫い針がさびず、布を縫うときなめらかになり重宝された、という。

日当たりの良い道端や畑地に生え、作物や棒などに絡みつく。ガガイモは芋を作らない。果実を芋に見立て、名づけられた。

（2018年8月14日）

シロバナカモメヅル

キョウチクトウ科　カモメヅル属

〈撮影地〉青森市東大野　２０１７年８月30日

星形の花を咲かせるシロバナカモメヅル。円写真は花と果実

青森市の市街地にヨシが群生している場所が、けっこう多い。その部分は以前、ヨシ原だった名残だ。同市東大野に建つ大型小売店の南側も、ヨシの群落が広がっている。

あるとき、そこを通ったら、ヨシに絡みつきながらつるを伸ばしている植物を見つけた。星形で淡黄白色の花が魅力的だった。これがシロバナカモメヅルとの出会いだった。この植物を好きになったわたくしは以来、毎年、花を見るため、足を運んでいる。

北方系の野草で、北海道と本州中部以北に分布。山地や湿原、草原に生え、とくに湿ったところが好きだ。ガガイモの仲間で、ガガイモと似た形の実をつける。また、ガガイモと同じようにつるを切ると白い乳液が出る。

漢字で書くと白花鴎蔓。なぜカモメなのか。葉が対生（葉が茎に向かい合って付くこと）だから、２枚の葉をカモメの翼に見立てて、との説もあるが、葉が対生の植物なんかごまんとある。この植物だけにカモメを当てる必然性がまったく見当たらない。名の由来は不明だ。

スベリヒユ

スベリヒユ科　スベリヒユ属
〈撮影地〉青森市新町　２０１７年８月２日

コンクリートの隙間に群落をつくるスベリヒユ。夏の晴れた日の朝だけに花を咲かせる。円写真は花と種子

日中、いつ見てもつぼみのままの植物だった。そのうち花を咲かせるだろう、と見守っていたが、いつのまにか種子ができていた。いったい、いつ咲くんだ？　観察を続けた結果、おもに夏の晴れた朝の、わずかな時間だけ咲き、咲いたあとは再びつぼみ状態に戻ることが分かった。花の撮影ができるまで3年もかかってしまった。ちなみに、つぼみ状のカプセルは、種子が熟すと上半分が外れ、細かな種子を辺りに散らばせる。

日本在来種だが、麦作に伴い入ってきた史前帰化植物という説もある。日当たりの良い空き地や道端、畑地に普通に生えている。市街地でもアスファルトの隙間などに平気で生える。写真の群落は建物と歩道の際から生えていたものだ。

名のスベリは食べるとぬめぬめするからという説と、肉厚の葉を指でつぶすとぬるりとするから、という説がある。ヒユについては由来ははっきりしない。

食べられるというので試してみた。塩ゆでしてから、さまざまな調味料をつけて食べてみたが、くせがなく、意外に美味しい。中でもポン酢との相性が一番だった。

（２０１８年１月９日）

エゾミソハギ

ミソハギ科　ミソハギ属
〈撮影地〉青森市東大野　2015年8月9日

「みそ萩《はぎ》や水につければ風の吹く」。江戸時代を代表する俳人の一人・小林一茶が亡き妻の新盆に詠んだといわれている句だ。

このように、エゾミソハギは近縁のミソハギとともに、切り花にして仏壇や墓に供えるなど、お盆の仏事に用いられてきた。これは青森県内を含む全国共通の風習で、盆花《ぼんばな》と呼ばれてきた。

この野草がなぜ仏事に使われてきたのだろうか。調べても分からなかったが、人里近くの湿地に普通に生えており手に入りやすいこと、ちょうどお盆のころに咲き、花が色鮮やかで見栄えが良いことなどすべての条件がそろっていることが、その理由ではないか、と個人的におもっている。

人々は、束ねたミソハギに水を掛けたあと、仏壇の供物の上で束を振る。すると、供物に滴がかかる。これで、供物を清めたこと、すなわち禊《みそ》ぎをしたことになる。だから禊萩《みそぎはぎ》。これが縮まってミソハギになった、といわれている。冒頭の一茶の句もこの光景を詠んだものだ。

ミソハギ（ミソハギ科）はハギといっても、よく知られているヤマハギなどマメ科植物の、いわゆるハギとは違うグループの植物だ。エゾミソハギは、ミソハギに似て北海道に多いためエゾがついたが、北海道に限らず九州まで広く分布している。

（2018年8月21日）

郊外の湿地ではごく普通に見られるが、市街地のコンクリート製水路からも生えるエゾミソハギ。円写真は花

ヤブカンゾウ

ワスレグサ科　ワスレグサ属
〈撮影地〉青森市東大野　2018年8月4日

鮮やかな色のうえ八重咲きなので、とても豪華に見えるヤブカンゾウの花。里山の道端や林縁、野原の溝の縁や堤に多い普通種だが、周囲の緑とのコントラストが鮮烈なため、何回見ても、はっとさせられる。

近縁のノカンゾウの花は一重、これに対しヤブカンゾウは八重。もっとも、ヤブカンゾウの場合、雄しべと雌しべが花びら状のため、八重咲きに見える。日本在来種だが、奈良時代以前に中国から帰化した植物ともいわれる。

市街地で花を咲かせているのは意外な気がするが、青森市東大野のこの場所は、一部コンクリートで護岸されているものの、昔ながらの小川が流れており、ヤブカンゾウの生育適地。市街地の中に残った里山環境で、以前から咲き続けてきたものとみられる。

中国では、この花を見て憂いを忘れるという故事があり、忘れるに萱の字を当て、萱草といっている。よってヤブカンゾウを漢字で書くと藪萱草となる。

この故事は古い時代に日本に伝わり、万葉集で「わすれ草　わが紐《ひも》に付く香具山の　故《ふ》りにし里を忘れむがため」（大伴旅人）と詠まれた。わすれ草（ヤブカンゾウ）の花を紐で身に付け故郷を忘れてしまいたい、という意味だ。

昔はクワンゾウと呼ばれたが、今はカンゾウというため、薬用植物として知られるマメ科の甘草（カンゾウ）と混同されている。

本種の花や新芽は人気のある山菜。青森県内でも昔から食用にしてきた。

小川の縁から生え、鮮やかな花を付けるヤブカンゾウ。ここは市街地の中に残った里山環境だ

オニユリ

ユリ科　ユリ属
〈撮影地〉青森市石江　2018年8月19日

じりじり照りつける真夏の太陽。屏風山の広い畑地の隅に咲き誇るオニユリ。いつのころからの記憶か判然としないが、この組み合わせの映像がわたくしの脳裏に鮮明に残っている。

古い時代、ユリ根（鱗茎《りんけい》）を食用にするため、中国から渡ってきた植物といわれている。とくに農村で喜ばれた。凶作対策のひとつと考えられ、農家は畑の隅や庭先に植え、非常時に備えた。屏風山でわたくしが見たオニユリの数々は、その名残なのだろうか。

オニユリは種子をつくらない。その代わり、葉の付け根にできる「むかご」で増える。

ユリ根は、おせち料理や茶わん蒸しの食材として知られている。現在、食用にされているものの多くは、コオニユリの栽培品種といわれている。コオニユリはオニユリと違い、むかごをつけない。

農村のイメージが強いオニユリだが、畑や庭ではない市街地の片隅でも見られる。むかごがどこから運ばれ、そこに根付いたのだろうか。不思議でしょうがないが、研究者は「むかごが風で飛ばされたり、鳥や動物などに運ばれることも考えられる」と自然発芽の可能性が大とみる。

オニユリの名の由来は、牧野日本植物図鑑（1940年）によると、ヒメユリに対する名だろう、と推察している。つまり、ヒメユリよりもはるかに大きいからオニ（鬼）というわけだ。

建物と水路のわずかな間に根付き花を咲かせるオニユリ。夏が似合う花だ。円写真は、むかご。これで増える

アメリカオニアザミ

キク科　アザミ属

〈撮影地〉青森市新町　２０１６年7月23日

ある年のこと。青森市桂木の自宅敷地に1株のアメリカオニアザミが初めて芽を出した。丈がぐんぐん高くなり、やがてつぼみを付けた。いったい、どのくらいの数の花を咲かせるのだろう。単純な興味から数えることにした。

数を正確に把握するため、咲かせた花をちょん切って捨て、数えていった。驚くべきことに次から次へと花を咲かせ続けた。しかし、約１００個の花を数えた段階でやめた。葉のとげが鋭く、花をちょん切るとき指を刺し、その痛さに耐えられなかったからだ。

ヨーロッパ原産。１９６０年代、北米からの輸入物に混じって北海道に侵入。またたくうちに全国に広まった。青森県内では１９７７年、青森市のフェリー埠頭で見つかったのが最初。同埠頭が運用を始めてからわずか3年後。おそらく北海道からの荷物や車に種子が付いてきたのだろう。今では県内のいたる所で見られる。夏から秋にかけて種子をつけた綿毛を多量に飛ばし、嫌われている。

本種の原産はヨーロッパだが、アメリカから入ってきたのでアメリカオニアザミ。葉のとげが鋭いからオニ（鬼）だ。牧草地に生えると、牛がとげでけがをするので、北海道では大きな問題となっている。このため道は本種をブルーリストに選定し、その影響を見極めるため継続的に調べている。

歩道と駐車場の境目から生えるアメリカオニアザミ。硬くて鋭いとげは、刺さると本当に痛い。円写真は花（２０１７年11月14日）

オオハンゴンソウ

キク科　オオハンゴンソウ属
〈撮影地〉青森市東大野　2014年7月24日

帰化植物は繁殖力が強く、ときとして大群落をつくるため、嫌われるものが多い。帰化植物の中でも、オオハンゴンソウは、すこぶる付きの嫌われ者で、在来の生態系を守るために、と掃討作戦が行われることがあり、ニュースになったりする。

なぜ、オオハンゴンソウの悪名が高いのか。それは繁殖力が強いうえ、2メートル以上にもなる大型で、目立つからだとおもう。在来植物をおびやかすため、環境省は特定外来生物に指定している。

北米原産。明治時代中期に園芸植物として導入されたが、全国各地に広まった。青森県では1955（昭和30）年ごろから見られるようになった。市街地では主に水路端で見られる。

漢字で書くと、大反魂草。反魂は、死者をよみがえらせる、という意味。低山地で見られるハンゴンソウに葉が似ていて大型だから、この名がつけられた。

ハンゴンソウの名の由来に諸説あるが、「野草の名前」（2003年、高橋勝雄著）は「ハンゴンソウに下痢止めの薬効があり、昔は各地で広く用いられた。命を救う草だから反魂草なのでは」と推論する。ハンゴンソウとオオハンゴンソウは、葉が似ているだけで、まったく別のグループの植物である。

ハンゴンソウは若いころは山菜になる。青森県内の民宿で、塩蔵したハンゴンソウを使った料理をいただいたことがある。ただし、オオハンゴンソウは食用にならない。

（2016年8月2日）

水路の近くに生えるオオハンゴンソウ。帰化植物の中でも嫌われ者の最右翼だ

オオアワダチソウ

キク科　アキノキリンソウ属
〈撮影地〉青森市大野　2015年7月20日

今でこそ人々は、盆花を花屋さんで買っているが、昔は山や野原から採ってきて飾った。地方によって花の種類は違うが、青森県内の場合はエゾミソハギ、キキョウ、オミナエシ、それにこのオオアワダチソウなどが盆花に使われた。が、それも昭和30年ごろまでだった、という。

北アメリカ原産。明治時代中期に、観賞用としてアメリカから導入されたが、各地で野生化した。今では観賞用として庭に植えている家は皆無で、空き地や道端に小群落をつくっている。小さな花がたくさん集まり花穂を形づくっており、豪華に見える。

日本生態学会が、日本の侵略的外来種ワースト100に指定、外来生物法では要注意外来生物に指定されている。

名は、アキノキリンソウ（別名アワダチソウ=泡立草）に似て大きいため。アキノキリンソウは低山地に普通に見られる山野草だ。アワダチソウの名の由来について新牧野日本植物図鑑（2008年）は面白い記述をしている。「泡立草は豊かに盛り上がる花の集まりを酒を醸したときの泡に見立てたもの」。酒づくりに関心のない人や酒が好きなだけの人は、このような発想はしないし、できない。命名者はおそらく、日本酒の蔵元さんのご子息で、子どものころから蔵に出入りしていたに違いない。

市街地のちょっとした土のスペースに群落をつくっているオオアワダチソウ。円写真は花（2015年9月29日）

ハキダメギク

キク科　コゴメギク属
〈撮影地〉青森市本町　2015年8月16日

広い歩道の植樹枡に群落をつくっているハキダメギク。円写真は花。かわいそうな名だが、花は意外にかわいい

昔、それぞれの家に、はきだめ（掃き溜め）があった。ごみ捨て場のことである。わが家にもあった。母が生ごみや刈り取った草を敷地の片隅に捨て、こんもり盛り上がっていた。そのままにしておくとやがて熟成し、家庭菜園の肥料になった。

今は、清掃車がごみを回収してくれるので、若い人たちははきだめを知らないかもしれない。

そのはきだめに生えていた植物にハキダメギクというかわいそうな名をつけたのが、日本の植物学の父といわれる牧野富太郎との説がある。

熱帯アメリカ原産の帰化植物。世界の熱帯～温帯にかけて広く分布、日本には大正年間に入ったといわれ、1932（昭和7）年に確認されている。

関東以西で多く見られ、青森県内ではすくない、というが、青森市中心部の新町、安方、本町の、歩道やアスファルトの隙間、道端、植樹枡《ます》などでよく見られる。

ただ、花びらが小さいため目立たず、多くの人たちの目には入らない。が、よく見るとなかなかかわいい花。できれば、オオイヌノフグリなどとともに名を変えてもらいたいものだ。

（2016年2月2日）

トゲチシャ

キク科　チシャ属

〈撮影地〉青森市橋本　２０１６年７月31日

この植物の性質を知るまでは、花の写真をなかなか撮れないでいた。いつ見ても花がしぼんでいるからだ。変だなあ、とおもっているうちに2年が過ぎた。いらだちがピークに達したころ、なんと、庭にトゲチシャが1本自生し、花期になった。それでも、見るたび、しぼんでいる。

　さすがに、撮れない原因に気づいた。開花時間が早いんだ、と。そこで、観察記録をつけた。その結果、晴天の日、この花は午前7時ごろ全開し、わずか1時間たったら閉じてしまうことが分かった。ちなみに曇りの日は花の全開時間が長く、雨の日は半開きだった。

　ヨーロッパ原産で、ほぼ全世界に帰化している。日本では、１９４０年代以降に北日本で侵入が確認され、全国に定着。青森県内でも市街地の空き地や道端に普通に見られる。夏、市街地で最もよく見られる植物の一つだ。大型の植物で、高さが１・５メートルを超えるものもある。

　トゲチシャを漢字で書くと刺萵苣。葉裏の主脈にとげがあるからトゲ、また、チシャは野菜のレタスのことである。レタスはトゲチシャの栽培品と考えられている。

（２０１７年７月25日）

空き地と駐車場の境あたりに生えるトゲチシャの大型株。円写真は右から、花、葉、葉裏のとげ

マルバトゲチシャ

キク科　チシャ属
〈撮影地〉青森市橋本　2016年7月31日

葉の切れ込みが大きいトゲチシャに混じって、切れ込みの無いタイプのものがよく見られる。マルバトゲチシャである。注意してみると、市街地の空き地や道端など、両種の生育環境はまったく同じ。形も葉が違うだけで、あとは花もみんな同じ。

ヨーロッパ原産のトゲチシャが1949年に北海道で記録された。この時点ですでに、トゲチシャの中に丸い葉のタイプがあることが記録されている。その後、丸葉タイプにマルバトゲチシャと和名がつけられた。しかし、学名は、トゲチシャの変種とするものや品種とするものなどばらばら。日本植物の最先端の分類を示す目録のひとつ「植物分類表」（大場秀章編著）は丸葉タイプをトゲチシャに含めている。不安定種とみなしたのだろう。が、マルバ…は広く取り上げられているので、当企画でも取り上げることにした。

青森県内ではトゲチシャもマルバトゲチシャも1970年代から目につくようになってきた。トゲチシャの名の由来は前ページ参照を。レタスはトゲチシャの栽培品と考えられており、レタスの名はラテン語のlac（ミルク）に由来する。レタスを切ると出る白い液をミルクに見立てた。

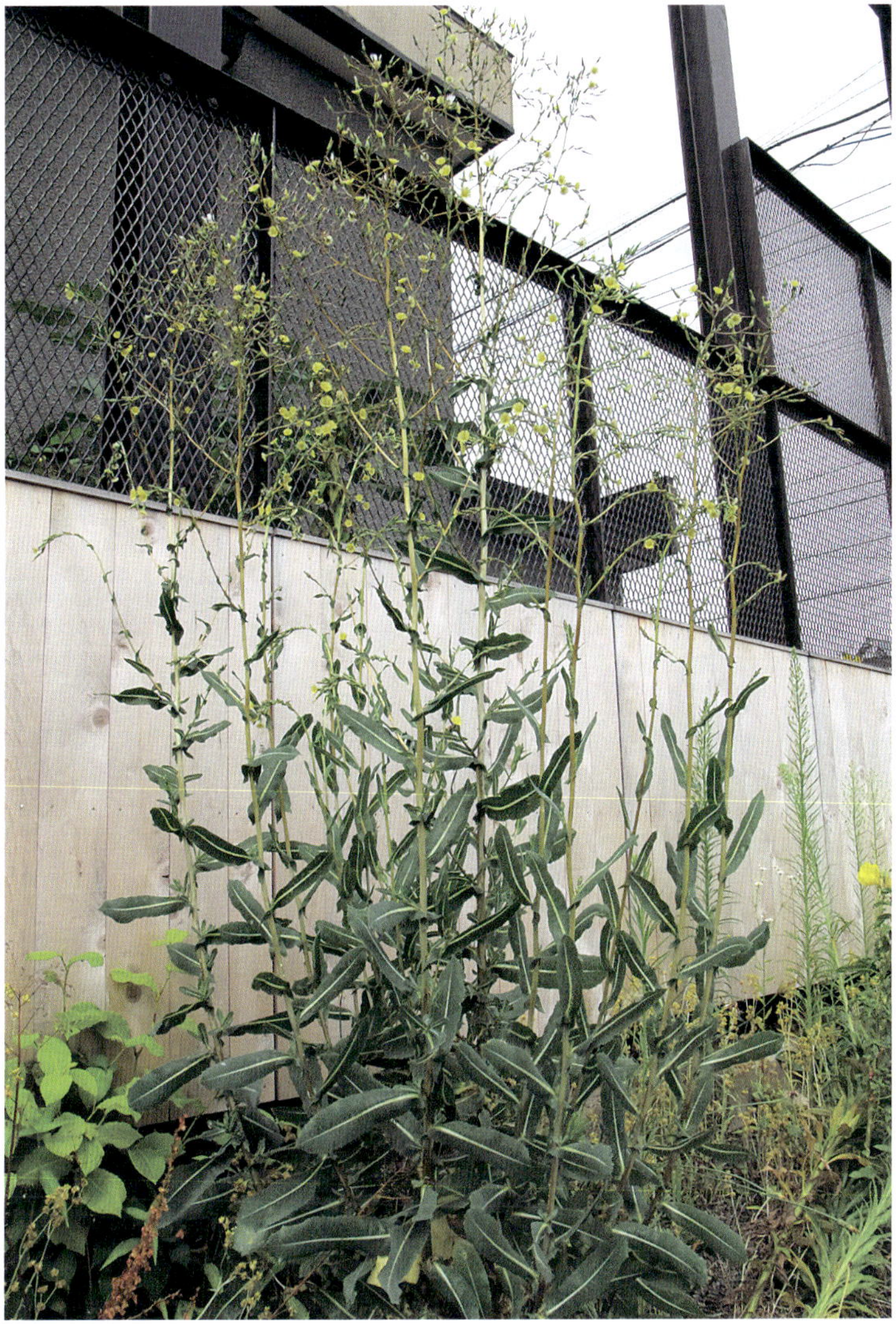

空き地の隅に生えるマルバトゲチシャ。葉に切れ込みが無い。円写真は花、葉、とげ

ヒメムカシヨモギ

別名・メイジソウなど多数　キク科　イズハハコ属
〈撮影地〉青森市桜川　2016年8月14日

子どものころ、近所に広い空き地があった。夏から秋にかけて、背丈をはるかに超える高さの草が一面にびっしり生えた。子どもの目には密林のようにおもえた。この中で、かくれんぼをして遊ぶのが楽しみだった。その草がヒメムカシヨモギだった。

北アメリカ原産。温帯から熱帯にかけての世界各国に帰化。日本には明治の初めに入り、短期間のうちに全国に広まった。青森県内では戦後、目立つようになった。明治初めに広まったので明治草、御一新草という別名も。また、鉄道を敷設すると沿線に繁茂したから鉄道草とも呼ばれた。

名の由来が不可思議だ。新牧野日本植物図鑑（2008年）によると、ムカシヨモギ（別名ヤナギヨモギ）に似て小さい（姫＝ヒメ）から、と説明している。しかし、ムカシヨモギの草丈は30～60㌢。これに対しヒメムカシヨモギは2㍍にもなる。ムカシヨモギよりヒメムカシヨモギの方がはるかに大きいとは、理に合わない。個人的推論だが、新種として記載されたヒメムカシヨモギの標本が、たまたまムカシヨモギより小さかった、ぐらいしか矛盾の説明は見当たらない。

青森県内では道端などいたる所に生え、市街地でも空き地やアスファルトの隙間などに生える。大きな株が無数の小さな花をつけ、それが無数の種子を拡散させる。繁殖力があるのも道理だ。

（2017年12月26日）

高さが2㍍にもなるヒメムカシヨモギ。円写真は花

オオアレチノギク

キク科　イズハハコ属
〈撮影地〉青森市安方　2015年8月9日

青森市安方の飲食店。外壁とコンクリート地面の隙間から、背の高い植物が生えていた。オオアレチノギクだった。よく似たヒメムカシヨモギと比べると、葉が幅広で大きく、色が濃い。花も違う。ヒメムカシヨモギは1ミリくらいの花びらが見えるが、本種は花びらが見えない。

大正時代の1920年ごろ、東京で帰化しているのが確認された。今は、本州以南の各地の道端、空き地などで生えている。夏は人の背丈以上にもなり、空き地全体を覆い尽くすこともあるという。

しかし、国内分布北限の青森県では少ない。南アメリカ原産だから寒さに弱いのか。「まち野草」の取材で5年間、市街地を歩き野草を探したが、オオアレチノギクを見たのは後にも先にも、ここでだけだった。

アレチノギク（荒地野菊）に似て、それより大きいので、この名がつけられた。アレチノギクは1890年ごろ日本に帰化したが、後発のオオアレチノギクは先輩を駆逐しながら分布を広げた。

日本の植物学の祖・牧野富太郎は、オオアレチノギクが帰化した当時、アレチノギクとヒメムカシヨモギの雑種という説を発表した。しかし現在、その説は否定されている。新牧野日本植物図鑑（2008年）がそう書いている。牧野の流れをくむ図鑑が、牧野に忖度《そんたく》せず毅然《きぜん》と書いていることに、科学の良心を感じる。

飲食店の外壁とコンクリート地面の隙間から生えるオオアレチノギク。円写真は花。花びらが見えないのが特徴

キタノコギリソウ

キク科　ノコギリソウ属
〈撮影地〉青森市筒井　2018年9月2日

土手の斜面で花を咲かせるキタノコギリソウ。円写真は花と葉。この葉をのこぎりの刃に見立て、名がついた

ノコギリソウは、子どものころ、野原で遊んでいたときによく目にした植物である。葉の縁の切れ込みを、のこぎりの刃に見立て、名づけられた。あまりにも分かりやすい名。だから、一度知ったら二度と忘れなかった。本州中部以北に分布。低山地の草原などに普通に見られる。

市街地ではあまり目にしない植物なので、青森市浜田の緑地帯や同市筒井の土手で小群落を見たときは、とても懐かしい気持ちになった。

ノコギリソウには多数の地方型(亜種)がある。筒井の土手に生えていたものはキタノコギリソウだ。キタ…はノコギリソウの亜種。青森県内ではノコギリソウもキタ…も見られる。また、帰化植物のセイヨウノコギリソウも分布している。3種の見分けは①管状花（菊花の中心部の黄色い部分）の大きさ②舌状花（花びらのように見える部分）の長さ―の違い。この中でキタノコギリソウの花が一番豪華だ。

ノコギリソウは野草だが、観賞用として、そして薬用や香料用としても栽培された歴史がある。

セイヨウノコギリソウ

キク科　ノコギリソウ属

〈撮影地〉青森市第二問屋町　２０１８年7月13日

セイヨウノコギリソウは、キタノコギリソウやノコギリソウによく似ているが、花や葉が小さく、すぐ見分けられる。

ヨーロッパ原産。日本には１８８７（明治20）年、観賞用として入ってきた。強い繁殖力があるため、各地で野生化。北海道では明治年間から、牧草地の雑草として知られる。青森県内にも、古くから入ってきたようで、人里や市街地の道端で見られる。

コンクリートの隙間に生えるセイヨウノコギリソウ。繁殖力が強い植物だ。円写真は花と葉

観賞用に利用される一方で、本種は薬用に使われてきた長い歴史がある。最も有名なのは、ギリシャの英雄アキレスが、トロイ戦争の際、彼の弱点部分の足を矢で射ぬかれたが、これを本種で治した話。ギリシャ神話が伝える。これからアキレス腱《けん》の名がつき、ノコギリソウ属の学名Ａｃｈｉｌｌｅａ（アキレア）がついた。

本種はヤロウと呼ばれるハーブとして著名。とくにイギリス人に好まれ、本種を栽培しやけどや切り傷に効く軟膏《こう》をつくったり、アメリカに渡った開拓者が本種を栽培し傷薬をつくった。ヨーロッパではサラダなど食用のほか、たばこやビールの香り付けにも使われた。

今もよく使われているのはハーブティー。草に芳香があり、さまざまな効能が期待できるという。

ヤナギタンポポ

キク科　ヤナギタンポポ属
〈撮影地〉青森市浜田　2014年8月9日

本種が生えている近くに、ブタナとヤネタビラコも生えている。いずれも似たような黄色い花を咲かせるが、草姿が微妙に違う。なにより茎の途中に花をたくさんつけている点が違う。

歩道の縁石が欠損している所から株立ちしている姿は、ブタナやヤネタビラコと比べ、異彩を放っている。調べてもらったら、ヤナギタンポポだった。

名は、葉が柳に似て細長く先がとんがっていること、花の構造がタンポポのように舌状花（細長い花びら）だけで構成されていることに由来する。

日本在来種で、北海道、本州、四国のほか、北半球の温帯に広く分布している。草丈は数十センチ。

興味深いのは、この植物が深山の湿った場所を好むこと。このような場所では、時として群生し、黄色いじゅうたんに例えられるほどというが、青森市内で見つけた場所は、前述のように、非常に乾燥した場所で、本来の生育環境からかけ離れている。

なぜ、この場所に生えているのか。一番可能性が高いのは、土砂に混じって苗や種子がこの場所に運ばれてきたこと。あるいは車に付着した種子がここで落ちたとも考えられる。いずれにせよ、深山の湿地を好む植物が、乾燥した歩道縁石で花を咲かせたのは事実。植物は、人の想像を超えるたくましさを持っている。そして、人の考えの及ばない生え方をする。

歩道縁石が欠損した所から株立ちするヤナギタンポポ。円写真は花

オオキンケイギク

キク科　ハルシャギク属
〈撮影地〉青森市長島　2018年8月19日

毎年夏になれば、青森市妙見の道端で、濃い黄色の“コスモス”が群落をつくり花を咲かせる。てっきり人が、花いっぱい運動でキバナコスモスを植えたものとおもいこんでいた。ところが違っていた。調べてもらったら、特定外来生物に指定されている、やっかいものの帰化植物・オオキンケイギクだった。

この植物ほど毀誉褒貶《きよほうへん》の激しいものはないかもしれない。北米原産。明治時代中期の1880年代、観賞用として輸入された。品種改良が盛んに行われ、庭花のほか、ガーデニングなどに利用されてきた。

野生植物を緑化に利用できないか、をテーマに研究が行われ、丈夫で繁殖力があることから、オオキンケイギクは有望植物10数種類の中に選ばれる高評価。高速道路の法面《のりめん》などの緑化に幅広く用いられてきた。

しかし、元来繁殖力があるうえ、積極的に移植が行われた結果、各地の河川敷や線路際などを占有し、在来植物を駆逐する結果に。国は2005年、外来生物法を施行、オオキンケイギクを含む、特に生態系や人間活動に影響が大きい生物を特定外来生物に指定した。高い評価を受けてさまざま利用してきたのに、手のひらを返すかのような極悪人扱い。

そうしたら今度は、オオキンケイギクに抗がん作用のある物質が含まれていることを岐阜大学教授らがつきとめた、と話題になっている。

名は、濃い黄色の花を、黄色や赤色の羽根が美しい観賞用のキジの仲間「錦鶏」（きんけい）に見立てたものだ。

青森市長島の中央分離緑地で花を咲かせるオオキンケイギク。八戸市内丸の空き地でも同じ季節に群落を見た

チチコグサ

キク科　ハハコグサ属
〈撮影地〉青森市新町　2015年8月29日

日当たりの良い芝地に群落をつくるチチコグサ。円写真は花。背景は、改築前の青森県庁

ハハコグサ（母子草）と同じグループの植物なのだが、ハハコグサより細くて小さくてか弱いように見える。花も黄色があでやかなハハコグサに対し、いかにも地味。このような植物がチチコグサ（父子草）と名づけられるとは。

　哺乳類、鳥類、昆虫などはおおむね雄の方が華やかで、雌は地味。が、ハハコグサとチチコグサでは逆転する。

　牧野日本植物図鑑（1940年）によると「母子草に対し父子草と名づけられた」。つまり、〝母子草ありき〟の命名である。父子草の名は江戸時代に発刊された物品識名という本に見られる。その時代は圧倒的に男性社会だったが、女性は華やかで男性は地味という認識が浸透していたのだろう。その結果、華やかな母子草に対し、地味な父子草という発想で名がつけられたのだろう。

　日本在来種。日当たりの良い芝地や、ほぼ裸地になっているところに群落をつくっている。青森市内では、柳町グリーンベルトや官庁の前庭芝地に群落が見られる。丈が低い植物なので、草刈りが頻々と行われ、常に太陽光を享受できる環境でなければ生きられないのである。

　言い方を換えれば、人間に大きく依存している植物ということができる。

（2018年8月7日）

チチコグサモドキ

キク科　ハハコグサ属
〈撮影地〉青森市東大野　2015年8月9日

街路樹の植樹枡《ます》や植樹帯は、さまざまな野草が姿を見せるので、〝まち野草〟観察のポイントの一つだ。

青森市東大野にある大型小売店前の植樹帯。ふと見たら、ハハコグサ（母子草）が生えていた。近くにチチコグサ（父子草）も。偶然にしては出来すぎだなあ、とひとり笑っていたら、その中間に、チチコグサに似た植物が生えているのに気づいた。調べてもらったらチチコグサモドキだった。チチコグサに似て非なる植物だからモドキ（擬）だ。これら3種は普通種だが、3種の混生はなかなか見られない。

アメリカ大陸原産。アメリカ合衆国では雑草としてほぼ全域に広がっている。日本では1916（大正5）年に侵入が確認され、第二次大戦前には帰化、戦後急速に分布を広げた。

畑地、芝地、道端、空き地などに生えている。日当たりの良い場所から日陰まで、そして土壌の種類も選ばないなど適応力が強い。このため全国に広まったのだが、青森県では少ない。その理由は、本種は本来、暖帯～熱帯の植物で、寒い地域は苦手なのだろう。

チチコグサは花を茎頂だけにつけるが、本種は葉の付け根にも付け、モドキの方が葉幅が広いことで見分けることができる。その葉は白い毛で覆われ、遠目には白っぽく見える。

緑地帯に生えるチチコグサモドキ。葉の付け根から花を咲かせるのが特徴。円写真は花と、白い毛に覆われた葉

アカバナ

アカバナ科　アカバナ属
〈撮影地〉青森市桂木　２０１８年８月29日

住んで26年目になるこの年の6月下旬、自宅敷地に、見慣れない葉の植物10数株が生えているのを見つけた。どんな花を咲かせるのだろう。毎日のように観察、開花を楽しみに待った。なかなか咲かず、かなりじれてきた約2カ月後、やっと花が咲いた。なんと見慣れたアカバナだった。拍子抜けした。

日本在来種。全国に分布。青森県内でも低山地や里山の湿った場所に普通に生えており、市街地でもけっこう見られる。薄いピンク色の花と細長い果実が特徴的。だから、葉を見ておらず、自宅敷地に葉が顔を出しても、それがアカバナとは分からなかったのだ。

26年目にして初めての〝お客さん〟。10数株もいきなり生えるなんて、どこから種が飛んで来たのだろう。生えている場所は、日が当たらない物置の陰だった。なおこの年、青森市造道の親類宅の敷地にもアカバナが姿を見せた。

牧野日本植物図鑑（１９４０年）によると、漢字表記は赤花。「夏秋、葉が紅紫色に染まるから」と赤花の理由を記している。しかし、これには無理がある。花が赤っぽいから赤花、と解釈する方が自然だ。もし紅葉に重きを置くならば、赤葉菜（アカバナ）の表記の方に合理性がある。じっさい、その説も取りざたされている。

自宅敷地で小群落をつくるアカバナ。秋になると葉が紅葉する。円写真は花と紅葉

オオアカバナ

アカバナ科　アカバナ属

〈撮影地〉青森市長島　２０１５年８月16日

中心市街地の空き地で花を咲かせるオオアカバナ。円写真は花。長い雌しべが特徴的だ

官公庁や金融機関が集まる青森市長島1丁目。ビルの谷間の空き地で、毎年夏になれば、オオアカバナが花を咲かせている。

２０１５年８月、読者の方から「青森市長島3丁目の空き地にオオアカバナが咲いていますよ」との情報提供を受けた。さっそく探してみたものの見つけられなかった。が、青森市の中心市街地の２カ所にこの植物が生えているとは驚きだった。なぜなら、全国的には珍しい植物とされているからだ。

ユーラシア大陸に広く分布。日本では本州中部以北に点在するが、秋田、石川の両県では絶滅したとされ、岩手、福島、新潟、長野の４県では絶滅危惧種に指定されている。なぜ青森県だけが…。

この植物を１９６１年に旧岩木町百沢で確認した青森市の植物研究者・細井幸兵衛さんは、サイトに「確認して以来、相当な勢いで広まったと考えられる。青森県のオオアカバナは貴重種でなくなった」と書いている。

研究者によると、最近は青森県内の市街地のちょっとした湿地でも見られるようになってきた、とのこと。

名は、大きなアカバナという意味。アカバナの名の由来は、前ページのアカバナの項を参照していただきたい。

（２０１５年10月13日）

メマツヨイグサ

アカバナ科　マツヨイグサ属
〈撮影地〉青森市浜田　2014年8月17日

宵を待って、夕方に花を咲かせる。だから、待宵草（マツヨイグサ）。花は朝にはしぼむ。この写真を撮るとき、最初のうちは開花時間帯を狙った。しかし、空がだいぶ暗くなってから咲くため、花と背景の両方をうまく写し込めない。考えた結果、まだ花が開いている早朝の写真を撮ることにし、午前4時30分から撮影に取り組んだ。こうして撮影したのが、この写真だ。撮影時間は午前5時30分だった。

北アメリカ原産。明治時代に観賞用として日本に入ったが、たちまち野生化し全国に広がった。青森県に入ってきたのも、日本に入って間もなくのころ、とみられる。

道端、空き地に非常に多く生えており、写真の個体は駐車場のアスファルト面と側溝の隙間から生えていたもの。なかなかたくましい。外来生物法で要注意外来生物に指定されたゆえんだ。

メマツヨイグサの「メ」は漢字では雌。オオマツヨイグサに比べ小型という意味での雌だが、草丈は背丈ほどもある。

大正ロマンを代表する画家・竹久夢二が書いた詩で、1917（大正6）年に曲がつけられ大ヒットした「宵待草」。夢二は最初、「待宵草」と題をつけたが、ある時期から「宵待草」に変更した、といわれている。

なお、ヨイマチグサという名を持つ特定の植物は存在しない。マツヨイグサ属の植物をさす、文学上の呼称とされる。

（2015年9月15日）

駐車場のアスファルト面と側溝の隙間から生え、花を咲かせるメマツヨイグサ。撮影時間は午前5時30分

ミズタマソウ

アカバナ科　ミズタマソウ属
〈撮影地〉青森市桂木　2018年7月21日

青森中央大橋の溝に生えるミズタマソウ。円写真は花と、名の由来になった果実

青森市の、青森中央大橋の車道部分の両端に細い溝が入っている。排水目的なのだろうか。ここにさまざまな植物が生える。おそらくは、自動車に付着してきたり、風に飛ばされた種子が溝に落ち、芽生えるのだろう。ミズタマソウもその一つで、毎年生え、夏になれば小さな白い花を咲かせる。

名は、直径4～5ミリの果実に由来する。果実の表面には白い毛がびっしり密生している。これを水滴、すなわち水玉に見立てたものだ。逆光で見れば、とくに美しく、ミズタマソウという名がいかに適切であるかが納得できる。

果実の写真を撮っていないことに気づき、実が成るのを待っていた。ところが、果実が出来かけたころの7月下旬。ねぶた祭を控え、一斉に道路の草刈りが入った。ミズタマソウも茎の途中から切られてしまった。しかし、それから1カ月後。再び花を咲かせ、果実をつけた。事なきを得た。

日本在来種。全国の低山地の道端でよく見られる。果実に密生している毛の先端は鉤《かぎ》状に曲がっており、動物の毛に引っ掛かって遠くに運ばれ、分布を広げる。

アキカラマツ

キンポウゲ科　カラマツソウ属
〈撮影地〉青森市長島　2017年7月23日

青森県内の山を歩いていると、初夏から夏にかけて、カラマツソウやミヤマカラマツの花が目につく。カラマツソウの仲間の花は、花びらが無く、多数の白い雄しべが花びらのように見える風変わりな形。これを樹木のカラマツの葉に見立てて、名づけられた。わたくし個人的には線香花火を連想する。

青森市中心部の歩道の植樹帯に、似たような花を見つけた。カラマツソウの雄しべは白色で数が多いが、この植物の雄しべはクリーム色で数は多くない。アキカラマツだった。カラマツソウの仲間は夏咲きのものがほとんどだが、これだけは秋にも咲くためアキがついた。

日本在来種で、草丈が1・5メートルほどにもなる大型の植物。草全体に有毒成分があるが、民間薬として胃腸薬などに用いられている。青森県内では里山の道端や林縁などで普通に見られる。種子が土と一緒に運ばれてきたから市街地で生育したとおもわれる。

葉が観葉植物のアジアンタムにそっくりなため、花期でなくても楽しめる。2017年に続いて翌年も生えてきたので葉を楽しんでいたら、青森ねぶた祭の前に、植樹帯や植樹枡《ます》の草はきれいさっぱり草刈りされてしまった。がっかりしていたら、やがて茎を伸ばして葉をつけ、初冬には黄葉した。美しい黄葉だった。翌年以降、また花を咲かせてくれることを祈る。

歩道の植樹帯から生え、花を咲かせるアキカラマツ。下のピンクの花はヒルガオ。円写真はアキカラマツの花

ボタンヅル

キンポウゲ科　センニンソウ属

〈撮影地〉青森市筒井　2017年8月16日

真夏の太陽光が似合うボタンヅル。つるの長さが4メートルもあり、繁殖力は旺盛だ。円写真は花と果実

葉がボタンの葉に似て、つる植物なのでボタンヅル。キツネノボタンもクサボタンも、いずれも葉がボタンの葉に似ていることから命名された。さすが、花の王といわれるボタンだけあって、影響力が大きい。

ボタンヅルは、本州、四国、九州から朝鮮半島、中国にかけて分布。青森県の低山地でも普通に見られる。真夏の太陽の光を受けながら、林道の道端に生えているというイメージが強い。

ほかの草や低木に絡まりながら、どんどんつるを伸ばす。つるの長さは長いもので4メートルにもなる。ボタンヅルは、ほかの植物を下に追いやり、自分だけが光を独り占めする。光合成をするための戦略である。

ある年、青森市筒井の土手の斜面でボタンヅルを見つけた。その時はせいぜい数株だった。しかしその2年後には葉が斜面を覆い、旺盛な繁殖力に度胆を抜かれたものだった。力を蓄えた数年後には、土手の斜面全体が白い花で埋め尽くされることだろう。

なお、この植物の花には花びらが無い。花びらのように見える白いものは萼片《がくへん》だ。

ヒナタイノコヅチ

ヒユ科　イノコヅチ属
〈撮影地〉青森市安方　2017年8月13日

1940年に発刊された牧野日本植物図鑑ではイノコヅチという名で1種だけが取り上げられていたが、戦後しばらくしてから、ヒナタイノコヅチとヒカゲイノコヅチに分けられ、現在に至っている。しかし近年、両種を統合し再びイノコヅチ1種とする見解が発表されている。ややこしい。

市街地にはヒナタが多く、葉に毛が多く花が密集して付く。ヒカゲは林陰地に多く、毛が少なく花はまばら。青森市街地で見てみると、圧倒的にヒナタが多かった。

鎌倉時代の国語辞書「名語記」に「ヰノコツチ」の名が見られるように、昔から使われている名だが、由来がはっきりしていない。牧野日本植物図鑑は「家槌《いのこづち》の意味で、節が太い茎をイノシシの膝頭に見立てた」という趣旨の説明をしている。豕（いのこ）はイノシシやブタのこと。膝頭を木槌《こづち》や金槌に見立てるのは無理があるが、稲わらをたたいてほぐす横槌に似てなくもない。昔、単に槌といえば横槌をさした、という。

実の2カ所にクリップのようなものが付いており、これが動物や人間にくっつき、種子を拡散させる役目を果たしている。

（2017年12月5日）

建物と建物の間の狭い空間に生えるヒナタイノコヅチ。円写真は右から花、果実、茎の節

シロザ

ヒユ科　アカザ属
〈撮影地〉青森市新町　2016年8月16日

市街地の道端や空き地など、どこでも見られる野草である。そしてでかい。2メートルほどにもなる。掲載写真は脚立に乗ってようやく撮れた。

出自がはっきりしない。日本帰化植物写真図鑑（2001年）や植調雑草大鑑（2015年）は日本在来種としているが、ほかの図鑑類の多くは「欧州原産でかなり古い時代、食用として中国から渡来、帰化した」と解説する。

シロザのシロは、若葉や葉裏が粒状の白粉で覆われており、遠くから見ると白っぽく見えるため。ザの由来は諸説あり不明だ。なお、シロザの変種がアカザで若葉が赤い。しかしシロザでも若葉が赤いものがある。

子ども時代に住んだ借家の庭先に、シロザが毎年生えた。この植物の葉をカメノコハムシという生態が面白い虫が食べる。当時、昆虫少年だったわたくしは、この虫の観察に夢中になり、毎日、飽かず眺めていた。

そんなとき、母が次のように言った。

「戦時中、水みたいなお粥《かゆ》に、この葉を入れて食べた。おいしくはないけどクセのない味。当時、味は二の次だった」。葉はビタミン豊富。世界各地でかつて食用にした、という。こんど、食べてみようかな。

（2019年3月26日）

高さ2メートルにもなるシロザ。この写真は脚立に乗って撮影できた。円写真は花と花穂

ホコガタアカザ

ヒユ科　ハマアカザ属
〈撮影地〉青森市港町　2016年8月11日

　一般的には海岸と市街地は離れているケースが多いが、青森市や八戸市の場合、海岸すなわち岸壁は市街地と直結、岸壁も市街地の一部の様相を見せている。このため、青森市や八戸市の「まち野草」に海浜植物も入ってくる。

　ホコガタアカザもその一つ。ヨーロッパ原産の帰化植物で、ヨーロッパから南北アメリカに広がっている。日本では1945年、東京で見つかり、全国の海岸を中心に分布を広げた。

　青森県内では1980年ごろから見られるようになったが、まだ分布は広がっておらず、青森市や八戸市で見られる程度だ。全国では、海岸の裸地や埋立地、砂地に群生している。青森市の場合は、岸壁のアスファルト面の隙間や、岸壁近くの空き地で普通に見られる。

　アカザの仲間で、葉の形を鉾《ほこ》に見立てて、この名がつけられた。たしかに、茎の上方の葉は細長い三角形で、鉾にそっくり。茎の下方になれば、葉は正三角形に近くなる。

　若いころの葉は、白い粉状の粒々で覆われ、遠目には白っぽく見える。これはアカザの仲間の特徴。その葉は秋になれば紅葉する。

岸壁に群生する、花穂をつけたホコガタアカザ。花穂には雌雄の花が混在している。円写真は雄花と葉

ホソバハマアカザ

ヒユ科　ハマアカザ属

〈撮影地〉青森市港町　2016年8月27日

青森港岸壁の、コンクリートの隙間から生えるホソバハマアカザ。円写真は左が花穂、右は花

青森市港町の、岸壁近くの空き地を見るのが楽しい。シロツメクサなど市街地住宅街で見られる野草に混じって、ホソバハマアカザなど海浜植物が生えているからだ。港湾都市ならではの光景だ。

ホソバハマアカザは、北海道から九州にかけての海岸砂地に生える日本在来種。ハマアカザに似るが、葉が細いので名づけられた。

青森県内では、青森市や八戸市の海岸などで見られるが、多くはない。とはいっても、青森市港町では、空き地のほか岸壁のコンクリートの隙間などに、ごく普通に生えている。都道府県によっては分布にばらつきがあり、秋田、千葉、静岡、福井、京都、大阪、兵庫、高知、熊本、鹿児島の各府県では、絶滅が心配されるレッドリストに挙げている。

興味深いのは、青い森鉄道筒井駅付近の高架下にホソバハマアカザが生えていたこと。岸壁から南に直線で約3・2キロの地点。明らかに海浜植物の生育環境ではない。筒井駅新設工事か何かの工事に伴い、海岸付近から運ばれてきた土砂に種子が混じっていたのだろうか。

ミズアオイ

ミズアオイ科　ミズアオイ属
〈撮影地〉青森市石江　2018年8月19日

環境省が準絶滅危惧種にリストアップしている植物である。また、この植物をレッドデータに選定している都道府県数は、青森県を含め40を数える。

北海道から九州に分布している日本在来種で、かつては水田の雑草として普通に見られ、除草対象だった。それが、水路のコンクリート化や除草剤の使用などにより全国的に数が減った。これが準絶滅危惧種に入れた理由だ。

しかし青森県では、他県と様子がまったく異なる。県内各地の水田や池沼に普通に生育、近年は市街地の水路などにも姿を見せるようになった。普通種といってもいいほどの数で、準絶滅危惧種指定がぴんとこないほどだ。

撮影場所は、青森市石江を流れるコンクリート製の水路。底にたまった泥に根を張っていた。深い水路だったのでハシゴを使って底に下り、撮影した。

名の由来は、水に生え、葉がアオイ（葵）に似ているため。この場合のアオイは、野草フタバアオイのこと。フタバアオイは、徳川家の〝葵の御紋〟のモデルとして知られている。観賞用として栽培されているタチアオイなどのアオイとは違う。

古名は「なぎ」（菜葱・水葱）という。万葉集に4首詠まれており、それによるとミズアオイは当時、食用にされていた、人々になじみ深い植物だったことが分かる。

コンクリート製U字形水路の底に群落をつくるミズアオイ。準絶滅危惧種だが、青森県内では普通種。円写真は花

ナツズイセン

ヒガンバナ科　ヒガンバナ属
〈撮影地〉青森市筒井　2018年8月19日

土手の斜面に生えるナツズイセン。美しさにおもわず息をのむ。スイセンに似た葉を春に出すが、夏には枯れてしまう

唐突で不思議な植物である。青森市筒井の土手に数株、同市筒井の民家の敷地に1株、同市松森の墓地に2株。この年の同じ季節に見たナツズイセンの数だ。生えている場所を見るといずれも、人の手で植えられた雰囲気はまったくなく、自生の可能性が大きい。なぜそこに？　不思議で仕方がない。ユリ似のきれいな花を咲かせるこの植物を人々はいとおしくおもっているのか、支柱を立てて茎をひもで結んで保護している。

葉が無く、地面から約60㌢の茎をまっすぐ伸ばし、先端に花をつける。葉が無いから一種異様。葉は春に群がり出るが、夏には枯れてしまう。葉がスイセンに似て、夏に花を咲かせるのでナツズイセン。しかし、植物分類ではスイセンの仲間ではなく、ヒガンバナの仲間だ。

中国産のリコリス・スプレンゲリとリコリス・ストラミネアの自然交雑種で、古い時代に中国から渡来し帰化した、との説がある。本州、四国、九州の人里近くに生える。青森県内でも各地で見られるが、少ない。

球根で増え、種子ができない。しかし、前述のようにおもわぬ場所に唐突に生える。その地中に球根があるから生えるのだが、なぜそこに球根があるのか。球根の一部が土と一緒に運ばれてきたのか？　それだけでは説明できない生え方をする。謎多い植物だ。

ヤブカラシ

別名・ビンボウカズラ　ブドウ科　ヤブカラシ属
〈撮影地〉青森市桂木　2014年8月9日

ほかの植物を覆い尽くすヤブカラシの群落。下になった植物は著しい日照不足となる。円写真は花

一段高くなったところにある駐車場。そこに立って驚いた。二方の縁がすべて、ヤブカラシで覆われていたのだ。縁にフェンスがあるはずなのだが、ヤブカラシで覆われているため、全体がもっこりしており、そこにフェンスがあると言われなければ分からない。

それだけにとどまらない。駐車場の下に広がる斜面すべてが、一面のヤブカラシ。所々にイタドリが顔をのぞかせているだけ。謎の異星生物がはびこっているようにもおもえるすさまじさだった。

漢字で書くと藪枯らし。ほかの植物に乗っかって広がっていくので、日陰になった植物が枯れる、が名の由来。じっさい、それにより枯れる植物があるのかどうか疑問だが、前述の情景を見れば、名の由来は納得できるものがある。

繁殖力旺盛で、しかもつる植物だから、勢力を広げやすい。市街地のあちこちで、ほかの植物などに乗っかっている姿が見られる。いくら除草しても生えてくる厄介者で、まるで帰化植物のようだが、れっきとした日本在来種だ。

別名ビンボウカズラ（貧乏蔓）。この植物がはびこっているさまは、除草の余裕が無く、いかにも貧しい暮らしをしているように見えるのが、名の由来。

（2016年8月16日）

クジラグサ

アブラナ科　クジラグサ属

〈撮影地〉青森市筒井　2014年8月14日

クジラという勇壮な名とは裏腹に、ひょろ長い草姿のクジラグサ。円写真は花

生物の名は世界共通である「学名」で示される。しかし、各国での呼び名は、それぞれの国の研究者や学会に任せられる。日本では、植物の命名は発想が豊かで柔軟性に富んでいる。

クジラグサはその最たるもので、ニンジンのように細かく切れ込む葉を、クジラの、歯の代わりに生えているひげに例えて名づけられた。1《メートル》ほどのひょろ長い草姿からクジラのひげを連想するとは。命名者の発想の豊かさに敬意を表さざるを得ない。とともに、クジラ文化がいかに日本に根づいているかの証左の一つともいえる。

ヨーロッパからアジアにかけての原産。日本には明治以降から戦前の間に侵入したが、長野県ではなぜか古くから定着が確認されている。現在、日本各地に分布はしているが、長野県以外では、散発的に点在する程度。ポツンと生えては消える傾向にある。今回、青森市筒井で見つけた本種も、翌年には姿を消した。

長野県では野鳥が種子を運んで定着したのではないか、と推測されている。他県とは違い、小麦畑に侵入し問題化している。多く生えると小麦の機械収穫に支障が出る。長野県農業試験場の調査によると、ひどい畑では44％の減収になっている、という。

ゲンノショウコ

フウロソウ科　フウロソウ属
〈撮影地〉弘前市紺屋町　２０１４年８月16日

実家を時々訪れた際、敷地に生えている植物を見るのが楽しみだった。母は、ヨモギなどは見つけ次第引き抜いていたが、お気に入りの野草は生えるにまかせ、それらの花を楽しんできた。

その一つがゲンノショウコだった。それまでわたくしは、白花のゲンノショウコしか知らなかった。ところが実家のものは赤花が混じっていたのだ。赤花を見るのは初めてだったため、大いに驚いたものだった。

調べてみると、東日本以北では白花が多く、赤花は西日本に多いという。研究者によると「北国では白花がほとんどで、赤花は非常に少ない。そして、赤花が単独で生えることは少なく、たいていは白花と混生している」。

日本在来種で、青森県内でも道端などで普通に見られる。

名の由来は、下痢止めの薬効（証拠）がすぐ現れることから「現の証拠」。うそみたいだが、本当の話。江戸時代の大和本草や本草綱目啓蒙など生物学書にゲンノショウコの名がすでに見られる。実を飛ばした後のさやをみこしの屋根に見立て、ミコシグサという別名がある。

（２０１６年10月25日）

ゲンノショウコの白花と赤花が混生する実家敷地（現在、実家は無い）。円写真は花と、種子を飛ばした後のさや

ツユクサ

ツユクサ科　ツユクサ属
〈撮影地〉青森市桂木　2014年8月20日

露草。朝露をまとった草、という意味で、昼過ぎには花がしぼんでしまう。はかなさを漂わせるネーミングは、日本情緒にあふれている。

しかし古い時代には「つきくさ」（月草、搗草などと表記）と呼ばれていた。万葉集でも古今集でも「つきくさ」である。これは、花びらを衣類にこすりつけて染めたことから、「搗く」を名に当てたものとみられている。

著者の自宅敷地で群落をつくるツユクサ。あまりに増え過ぎ刈り取ったが、2018年現在でもかなり生えてきた

江戸時代になり、岩手県一関の医者・建部清庵が1833（天保4）年に著した「備荒草木図」などでは露草に変わる。個人的には露草に一票を投じたい。

子どものころから大好きだった植物のため、拙宅の敷地にツユクサが自然出現したときは大いに喜び、刈り取らず、大事に育てることにした。ところが、これがとんだ見込み違いとなった。ツユクサは爆発的に増え、庭全体がツユクサでマット状に盛り上がってしまった。情緒もはかなさもあったもんじゃない。意を決し刈り取ったが、今も生え続けている。

その後、この植物が他家受粉、自家受粉、ランナー（横に伸びる茎）のいずれでも増えることを知る。爆発的に増えたのも道理。名とは裏腹に、たくましい植物だったのである。

日本在来の植物だが、麦類の栽培とともに渡ってきた史前帰化植物との説もある。

（2016年8月23日）

コニシキソウ

トウダイグサ科　ニシキソウ属
〈撮影地〉青森市長島　２０１７年８月30日

小錦草。なんだか大相撲の巨漢元大関・小錦をおもい浮かべるが、小さな植物である。ニシキソウ（錦草）に似て小さいからこの名がつけられた。錦は、金銀の糸などで華麗な模様を織り込んだ厚手の織物のことをいう。しかし、きらびやかな錦とは裏腹に、ニシキソウは地味。これについて牧野日本植物図鑑（１９４０年）は、茎の赤、葉の緑の組み合わせが美しいから錦を当てた、という趣旨の説明をしている。

北アメリカ原産。日本には明治20（１８８７）年ごろ入り、今では全国に分布している。道端、空き地、庭などの裸地で、地面を這《は》うように広がる。青森市の市街地でも普通に見られ、アスファルトやコンクリートの隙間などから、真夏の直射日光を浴びながら、たくましく生えている姿が目につく。葉の中央部の赤紫色の紋が印象的だ。

裸地やアスファルトの隙間を好むのは、草丈の高い植物が進出しない場所だから。そのような植物に光を奪われないようにする作戦なのだ。

この植物は茎を切ると、粘性の白い液体を出す。青森県の子どもたちは昔、この植物を千切って白い液体を出し遊んだ。他県ではこの液をトンボのミルクと称し、トンボになめさせて遊んだとか。しかし、皮膚の弱い人が付けると、かぶれることもある、というから、くれぐれも注意が必要だ。

植樹枡に群落をつくるコニシキソウ。円写真は花

（２０１８年２月27日）

エノキグサ

別名・アミガサソウ　トウダイグサ科　エノキグサ属
〈撮影地〉青森市青葉　2014年8月31日

日本在来種といわれているが、個人的には、見た目が外来種のようにおもえてしかたがない。葉は、樹木のエノキ（榎）の葉に似ているからとの理由で名につけられたが、この葉が在来種のように見えない。雄花・雌花の付き方も外来種のブタクサをおもわせる。おまけに外来種並みかそれ以上の強い繁殖力を持っている。一説には、稲作とともに日本に渡来した史前帰化植物ともいわれている。

小群落をつくるエノキグサ。この空き地はその後、小団地になった。円写真は右から雄花の穂、果実と編み笠状の総苞、葉

昔から日本全土の道端、畑地、空き地で見られてきた。繁殖力が強いので、畑地では害草扱い。外来種に混じり、駐車場のアスファルト面の隙間などにも平気で生えている。青森市の自宅敷地には築20年ごろから侵入し、今では西側に大きな群落をつくっている。

花が面白い。茎の先端に雄花が穂状に付いている。雌花は、穂の基部に、葉のように見える総苞《そうほう》に抱かれて付く。雌花は極めて地味で分かりにくい。受粉したら、3個の果実ができる。雌花や果実を包んでいる総苞を編み笠に見立て、アミガサソウとの別名がある。

キバナカワラマツバ

アカネ科　ヤエムグラ属
〈撮影地〉青森市筒井　2018年9月2日

日当たりの良い土手で、キバナカワラマツバが群落をつくっているところがある。夏になれば毎年同じ場所に花を咲かせるので、楽しみにしている。花期が近くなると、花はまだかな、と様子を見に何回も足を運ぶ。

まず、松葉をおもわせる特徴的な葉が、草むらの中から少しずつ現れる。そして、つぼみをつけ徐々に咲き出し、一気に満開になる。満開時には、一帯のあちこちで、まるで泡が盛り上がっているように見える。直径2ミリ程度の小さな花が無数に集まっており、それが遠目には泡のように見える。なかなか面白い花姿だ。

日本在来種。花が黄色で、河原で多く見かけ、葉が松葉のようだから、この名がついた。

市街地ではあまり見かけないが、河原や海岸で多く見られるという。青森県内では、岩木川河口付近や、西海岸の草地と砂地の間など。また、鉄道沿線の細かい砂れき地にも多く生え、そのような場所では極めて多い植物という。

この植物で面白いのは葉だ。松葉のような2～3センチの葉が6～10枚、輪生（上から見ると牛車の車のように見える状態）しているが、実は本当の葉は2枚が対生しているだけで、ほかは托葉《たくよう》（葉柄の根元に付く小さな葉）が本当の葉のように長く伸びたものだ。

黄色い泡のようなキバナカワラマツバの花。小さな花が無数に集まり、このように見える。円写真は花

ヨツバムグラ

アカネ科　ヤエムグラ属
〈撮影地〉青森市新町　2017年9月16日

植物には、明るい場所を好むものと、日当たりの悪い場所を好むものとがある。このヨツバムグラは後者で、日当たりの悪い林の縁や道端で見かける。里山のイメージが強い植物だが、市街地でも見られる。なんと青森市新町の、官公庁が入るビルの緑地に群落をつくっている。

群落をつくっているということは、その場所が気に入っていることであり、案の定、その緑地は隣りのビルが邪魔をして、ほとんど陽光が届かない。

花は淡黄緑色で、直径1～2ミリしかない。注意して見なければ見えないほどの小ささだ。果実は2分割でこれも直径1～2ミリと小さく、かわいい。が、薄暗いので撮影には苦労した。

日本在来種で、漢字で書くと四葉葎。4枚の葉が茎に輪生（上から見て、葉が車のように見える状態）していることから名づけられた。葎は草むらや藪《やぶ》の意味。ただ、この場所のヨツバムグラは、葎というほどわさわさとはびこってはおらず、整然と立っている。

つまり、ほかの植物が入り込むと、光を求めて茎を上に伸ばさざるをえず、わさわさした藪状態になるが、日照不足の場所では競合植物が入り込まないから、草丈が低い状態で整然と立ち並んでいる、ということだ。

（2018年12月4日）

日当たりの悪い官庁街の緑地に群落をつくるヨツバムグラ。円写真は花と果実

イモカタバミ

カタバミ科　カタバミ属
〈撮影地〉青森市安方　2015年8月29日

初夏から初秋にかけて鮮やかな色の花を咲かせるイモカタバミ。いかにも園芸植物の〝顔〟をしているが、花壇のほか、道端、空き地、果てはコンクリートの隙間などさまざまな場所に生えている。人が栽培しているのか、勝手に生えているのか、よく分からないような生え方をしている。

南アメリカ原産。戦後、観賞用として導入され1967年、野生化が確認された。今では、国内に広く帰化している。

興味深いのは、繁殖の仕方だ。ふつうの植物は種子で繁殖するが、イモカタバミは実が成らないので、種子ができない。このため種子の代わりに、芋で増える。まず、根の上部に多数の小芋が集まった、大きな株を付ける。時期がくれば、小芋が親株から分離する。この小芋で繁殖するのだ。大きな株を芋に見立て、カタバミの仲間だからイモカタバミと名づけられた。一般の人たちには分かりにくい名の由来だ。

疑問がある。種子と違い、小芋は動かない。それなのに、なぜ、本種は野生化し分布を広げられるのだろう。研究者によると、土を耕したり、土を移動させることに伴い、小芋も移動するとのこと。また、大雨などで小芋が流出し、あちこちに散らばるなど、植物は人が考えられない増え方をするものだ、という。身近だが、不思議な植物である。

（2017年11月7日）

歩道の植樹枡に群落をつくるイモカタバミ。円写真は花

秋

キンエノコロ　2014 年 10 月 12 日　青森市浜田

アカソ

イラクサ科　カラムシ属
〈撮影地〉青森市安方　2015年8月25日

アカソを見ると、いつも、弘前高校で生物を教えていた故鈴木正雄先生をおもいだす。先生のあだ名はアカソ。本人はこのあだ名を気に入っていたようで、自身の著作の名が「あかそ随筆」。わたくしはその続編を持っているが、「謹呈あかそ」と自筆のサインが入っている。もっとも生徒たちはアカソなんて言わない。「アガソ」となまって呼んでいた。

あだ名がついたいきさつは、以下の通り。戦時中、旧制弘前中学で教べんをとられていた先生は、物資不足に対処するため、アカソの繊維で衣類をつくろうとおもいたち、生徒たちに「アカソを採ってこい」とやかましく命令した。このため生徒たちは先生をアカソと〝命名〟した。集めたアカソをどのように糸にして、どのように編んだのかは知らないが、先生と深い親交があった樹木医の小林範士さんは「アカソでつくった服を見たことがある」という。

アカソは主に人里近い林縁に多く生えている。アカソの茎の繊維が丈夫なため、縄文時代から明治時代初期まで、繊維材料として役立っていた。アカソ先生はこれを知っていたのだろう。

アカソを漢字で書くと赤麻。茎や葉柄の色から赤、麻は茎から繊維をとる植物の総称である。

アカソは、アカタテハというチョウの幼虫の食草としてチョウ愛好家に知られる。

（2018年8月28日）

市街地の空き地で群落をつくるアカソ。茎の繊維が丈夫なため、古来、利用されてきた。円写真は花

カナムグラ

アサ科　カラハナソウ属
〈撮影地〉青森市桂木　2014年9月7日

万葉集に、葎《むぐら》や八重葎を詠み込んだ歌がいくつかある。これらはカナムグラをさしている、といわれている。

「万葉集の植物たち」（川原勝征著）はカナムグラの項で、橘諸兄の「葎はふ賤《いや》しき屋戸《やど》も大君の坐《ま》さむと知らば玉敷かましを」の歌を挙げ、「葎が生い茂るみすぼらしい我《わ》が家ですが、天皇がおいでになるとわかっておりましたら、奇麗な石を敷き詰めておきましたものを」と訳している。

ヤエムグラという植物もあるが、生い茂るというほどのボリューム感はない。むさ苦しい〝やぶ〟をイメージできるのは、やはりカナムグラだろう。

日本在来種。漢字で書くと鉄葎。鉄（かね）は、強靭《きょうじん》な茎の意。強くてなかなか切れないことの例えなのだろう。葎は草やぶのことをあらわす。茎にとげのあるつる草で、一帯を覆い尽くす生命力の強い植物だ。

子どものころ、自宅近くの空き地が一面、カナムグラで覆われていた。モミジに似たような葉を糸でつづり合わせた昆虫の巣がいくつもあった。

それを家に持ち帰り育てていたら、やがて蛹になり、キタテハというチョウが羽化した。カナムグラはキタテハの食草だったのだ。今でもキタテハを見ると、そのころのことが目に浮かぶ。

（2016年9月20日）

家の前に広がるカナムグラの群落。玄関をふさいでしまいそうな勢いだ。円写真は雄株の花

イヌホオズキ

ナス科　ナス属

〈撮影地〉青森市新町　２０１４年８月３日

非常階段の土台になっているコンクリートの隙間に根を張るイヌホオズキ。円写真は花と果実

中心商店街の裏通り。２０１４年の夏、コンクリートの隙間に、小さな花をつけた植物が根を張っているのを見つけた。ナス科植物特有の形をした花。イヌホオズキである。見上げると集合ビルの非常階段が上へ上へと続いている。階段の土台、コンクリートの隙間に生えていたのだ。

イヌホオズキは日本在来種とされているが、稲作伝来とともにやってきた史前帰化植物、という説もある。

漢字で書くと犬酸漿。辞書によると、犬には、動物の犬という意味のほか「似て非なるもの」という意味があり、この植物のイヌはそれに当たる。草の姿がホオズキに似ているが、果実が全然違うため〝似て非なるホオズキ〟という意味だ。

裏通りのイヌホオズキ。２０１４年は、ここを通るたびに観察したが、踏まれることなく生え続け、やがて立ち枯れた。つまり、非常階段が使われなかったことを意味する。そして２０１５年、同じ場所にイヌホオズキが生えた。在来種ではあるが、劣悪環境をものともしない強さがある。そうしてみれば、本種はアスファルト車道や歩道の隙間に非常に多く生えている。

（２０１５年８月11日）

アメリカイヌホオズキ

ナス科　ナス属

〈撮影地〉青森市長島　２０１８年10月26日

コンクリート製の、植え込み擁壁の隙間から生えるアメリカイヌホオズキ。円写真は花と実

イヌホオズキにそっくりで、北アメリカ原産の帰化植物なので、アメリカイヌホオズキと名づけられた。イヌホオズキとアメリカイヌホオズキの見分け方は、以下の通りだ。①イヌホオズキの花（果）柄は、枝に少しずつずれて付くが、アメリカ…は枝の先端一点から放射状に付く②イヌホオズキの果実はつやが無い黒色だが、アメリカ…はつやがある、など

日本在来種のイヌホオズキは、市街地の道端で、ごく普通に見られる。２０１４年春からアメリカイヌホオズキをずっと探してきたが、目にするのはイヌホオズキばかり。しかし5年目の２０１８年10月、ついに見つけた。歩いてそば屋に行く途中、コンクリート擁壁の隙間から生えている植物を何気なくみたら、アメリカイヌホオズキだとすぐ分かった。

日本では１９５１年に兵庫県尼崎市で採集されたのが最初の記録だった。現在は北海道から九州まで全国に広まった。しかし、青森県内では、２０１５年に八戸市で初めて確認され、まだ同市と青森市でしか見つかっていないなど、今のところ分布を広げていないようだ。

歩道の植樹枡に群落をつくるニラ。毎年、8月下旬になれば花を咲かせ、道行く人々の目を楽しませてくれる

ニラ

ネギ科　ネギ属
〈撮影地〉青森市本町　２０１６年８月25日

子どものころ、庭先にニラが生えていた。ニラを食べた記憶はないが、花にさまざまな昆虫が集まり、それを採集して遊んだことを鮮明に覚えている。

野菜のイメージが強い植物だが、街角でもけっこう見られる。街路樹の植樹枡《ます》、塀の際、電信柱の根元…。道端、草地にも自生している。これらは、真の野生のものなのか、栽培したものが野生化したものなのかは、分からない、という。

中国西部から東アジア原産。中国では3千年前から利用され、日本には弥生時代に中国から入った。日本では長く薬用として、粥などに入れて食べてきた。野菜として栽培されるようになったのは明治時代から。中華料理が普及した１９５５(昭和30)年ごろから急に栽培が広まった。

古事記には加美良（かみら）、平安時代の延喜年間に編集された日本最古の薬物事典・本草和名には古美良（こみら）で登場する。この、かみら、こみらが転《てん》訛《か》してニラになった、といわれている。

ニラは日本人や中国人にとっておなじみの植物だが、アジア以外ではほとんど食べられていないという。あのにおいが嫌われているのだろうか。

（２０１６年12月20日）

アオツヅラフジ

ツヅラフジ科　アオツヅラフジ属

〈撮影地〉青森市桜川　２０１６年９月14日

「アオツヅラフジの花と実が見られるよ。来ないか？」。友人から誘われた。散歩中に見つけたという。堤川沿いの遊歩道脇に群落をつくっており、かつて広告を掲示していた鉄柱に絡みついているものもあった。

つる植物で、漢字で書くと青葛藤。古くから、このつるを編んで葛籠《つづら》を作ったことから、ツヅラという名がついたといわれている。名の青は、つるが緑色（枯れると黒）なことによる。

万葉集にも登場する。「上野安蘇山葛《つづら》野を広み延《は》ひにしものを何《あぜ》か絶えせむ」（作者不明）。「万葉集の植物たち」（川原勝征著）は歌の意味を、上野の安蘇山の葛が広い野につるを長く伸ばしているように、私の思いは切れることなくあなたに向かって伸び続けます、とする。そして、詠まれた葛は当時、つる植物を総称していたようだが、現在はアオツヅラフジとする説が有力だ、といっている。

実は美味そうだが、苦くて食べられない。実の中の種子が面白い。まるで化石でおなじみのアンモナイト。これにいたく感動したくだんの友人が、種を６００個以上集め悦に入っているが、奥さまからはあきれられている。

（２０１６年11月22日）

以前広告塔だった鉄柱に絡みつくアオツヅラフジ。円写真は右から雄株の花、果実、種子

ゴウシュウアリタソウ

ヒユ科　アカザ属
〈撮影地〉青森市新町　2017年8月30日

夏になれば、急に姿を現す。アスファルト道や歩道の隙間、道端、空き地…。青森市の新町通りを歩くと、いたる所で見られる。

オーストラリア原産の小型の植物。国立環境研究所のサイトによると、日本では、大阪で1933年に確認されたのが最初。青森県内では1970年ごろから見られるようになった。全国的には1990年代に入ってから急速に広がった。

家畜の輸入飼料に種子が混じって渡来、家畜の体内→堆肥という経路で種子が農耕地にまかれ、広まったとみられている。発芽から種子ができるまでの期間が非常に短いため、世代交代が早く、畑地の害草になっている。また、独特のにおいは家畜に有害という。指で草をつまみ取り、もんでみると、たしかに例えようのない変なにおいがする。

アリタソウの仲間で豪州原産なのでこの名がついた。牧野日本植物図鑑（1940年）は、アリタソウの名の由来について「多分、肥前有田で（駆虫薬生産のため）作られたからだろう」（カッコ内著者注）と推測しているが、「植物和名の語源」（深津正、1999年）は、ポルトガル語でアリタソウにあたるarrudaが転訛《てんか》してアリタソウになったと反論する。

（2019年1月29日）

歩道ブロックの隙間から生えるゴウシュウアリタソウ。夏から秋にかけ新町通りで普通に見られる。円写真は雄しべと果実

アオゲイトウ

ヒユ科　ヒユ属
〈撮影地〉青森市奥野　2015年9月14日

園芸植物のケイトウ（鶏頭）と同じ仲間。緑色だからアオがつく。そう言われれば、たしかにケイトウをほうふつとさせる。ただ、こちらは草丈が1～2メートルにもなる偉丈夫。

北アメリカ・熱帯アメリカの原産。日本には1890年ごろ侵入し、1912年に名が確定された。全国各地に広まった旺盛な繁殖力は、1株あたり約50万個もの種子ができることによる。

空き地に生えるアオゲイトウ。この地には現在、住宅が建っている。円写真は花

世界的にやっかいな雑草として知られ、路傍、空き地、樹園地、牧草地などに生える。なんてったって、天文学的な種子生産量だから、刈っても刈ってもしつこく再生する。生育が進むと植物体に硝酸塩が蓄積し、家畜にとって有毒な存在となる。

しかし、植物の生存競争は面白い。あれほど勢力を誇り日本在来の植物を駆逐してきたアオゲイトウが、北日本以外では稀《まれ》になってきている、という。それは、あとから入ってきた帰化植物のホソアオゲイトウやホナガアオゲイトウに駆逐されているためだ。盛者必衰、明日は我が身。帰化植物でも生きるのは難しい。

アオゲイトウを撮影した空き地に翌年、家が建った。

ここでも盛者必衰のアオゲイトウである。JR本八戸駅前の、かん木などの植え込みや、コンクリートの隙間でもアオゲイトウが群落をつくっているのが見られた。これらの将来は…。

（2017年3月14日）

ハイミチヤナギ

別名・コゴメミチヤナギ　タデ科　ミチヤナギ属
〈撮影地〉青森市安方　２０１５年９月14日

アスファルト車道を這って茎を伸ばすハイミチヤナギ。ハイとは「這い」のことだ。円写真は花

夏から晩秋にかけ、市街地でずいぶん目につく植物である。アスファルトの車道や歩道、それに駐車場や空き地で、クモの巣のように茎を伸ばし、地を這《は》っている姿がよく見られる。茎は長いもので50センチにもなる。

しかし、草むらや林の中など草丈が高い植物が生えているところでは見られない。ハイミチヤナギにとっての好ましい生育場所は、アスファルト道など一見、劣悪とおもえる場所でなければならないのだ。

それには大きな理由がある。地を這う植物が十分な太陽光を受けるためには、ほかの植物と競合しない場所でなければならず、必然的にほかの植物が進出できない場所を選ぶことになる。それがアスファルト道、というわけだ。

ヨーロッパ原産で、世界各地に帰化。ミチヤナギ（道柳）の亜種で、地を這うからハイミチヤナギ（這道柳）だ。別名コゴメミチヤナギ。コゴメは小米すなわち砕け米。葉が小さいことに由来する。

この植物は１９５０年代後半に北海道に侵入し、60年代後半から本州にも広がった、とされるが、津軽植物の会の木村啓会長は、１９４０年に鯵ヶ沢漁港の空き地で確認している。

（２０１８年９月25日）

イシミカワ

タデ科　イヌタデ属
〈撮影地〉青森市東大野　2015年9月14日

フェンスに絡みつき、つるを伸ばしているイシミカワ。円写真は花と実

実が非常に印象的な植物である。一度見たら忘れられない。1本の枝に、さまざまな色の実がなっている。非常にファンタスティック。子ども心に、きれいだなあ、とおもい、お気に入りの野草であり続けてきた。

色が付いている実は、花のがくが多肉化したもの。若い実は薄緑色、熟してくると薄紫色、完熟すると青色になり、やがてがくがとれ、黒い種子があらわれる。この記事の円写真には、そのすべてが写っている。

里山の道端に生えている、というイメージが強いが、市街地でも見られる。2016年8月、青森市新町のアスファルト駐車場と建物の間に、本種を見つけた。実がなったら、ビルを背景に撮影しよう、と楽しみにしていた。が、実がなる前に刈り取られてしまった。残念。

風変りな名の由来は分かっていない。石実皮、石見川、石膠…諸説ある。石のような実を綺麗な皮が覆っている―そういう意味の石実皮を支持したい。

日本在来種だが、稲作とともに日本に入ってきた史前帰化植物、という説がある。

（2016年10月4日）

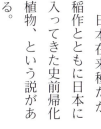

ミゾソバ

タデ科　イヌタデ属
〈撮影地〉青森市東大野　2015年9月21日

里山のイメージが強い植物である。秋になれば、田んぼのあぜ道、小川の岸辺などに群落をつくる。漢字で書くと溝蕎麦。溝のように湿ったところが大好きで、その姿が食用となるソバに似ているので、この名がついた。

わたくしは子どものころからこの植物が好きで、図鑑で調べ名を知った。茎のてっぺんに付いている花の形が金平糖《こんぺいとう》に似ている、と子どもながらにおもい、心ひかれた。当時、私に与えられたおやつは金平糖だった。

小さな花が集まって金平糖の形になっているのを知ったのは、大人になってから。一つひとつの小さな花もまた愛らしい。つぼみもかわいいが、開いた花の美しさには、はっとさせられる。

葉を牛の顔に見立て、ウシノヒタイ（牛の額）との別名を持つ。鰺ヶ沢町の子どもたちは昔、ミゾソバをベゴノツラ（牛の顔）といっていた、という。子どものしなやかな発想なのか、あるいはウシノヒタイを大人が津軽弁に言い換えたのを聞いたからなのか。たしかに葉の形は、牛の顔のシルエットをほうふつとさせるものがある。

日本在来種で、江戸時代の「大和本草」など5つの文献にミゾソバの名が登場している。食用にならないのに取り上げられているのは、昔から親しまれている証左か。

コンクリート製の水路に群落をつくるミゾソバ。花の集まりは金平糖そっくり。円写真は花（2015年11月17日）

タニソバ

タデ科　イヌタデ属
〈撮影地〉青森市北金沢　２０１４年９月27日

近縁のミゾソバと同じように、葉や草姿がソバと似ている。そして、山の谷の近くに生える、という意味でタニソバと名づけられた。里山のやや湿り気がある道端などに生える日本在来種。

ミゾソバは、市街地でも湿った場所や水辺に普通に生えているが、このタニソバはなかなか見られない。青森市・旭町地下歩道の入り口付近や、同市筒井の住宅街の道端など、意外な場所で散発的に姿を見せる。

青森市の旭町地下歩道出入り口付近の道端に、ひっそりと生えるタニソバ。円写真は花

北海道から九州まで分布しており、本州以南では前述のように湿った場所にひっそりと生えるが、北海道では畑に侵入し、畑地の強害草になっている、という。所変われば…である。

さて、ミゾソバとよく似ているので、自然観察会でタニソバを見つけたとき、講師先生はタニソバとミゾソバの違いを参加者たちに考えさせるのがお約束だ。

花はミゾソバの方がよく開き、大きめでピンク色の傾向。タニソバは、あまり開かず、小さめで白色の傾向にあるが、花だけでの断定は難しい。

決定的に違うのは、葉の基部。ミゾソバの葉の基部は、えらが張るように張り出しているが、タニソバは張り出さない。そして、タニソバの葉柄には広い翼（ひれのようなもの）がついているが、ミゾソバには翼が無い。これらで区別できる。

イヌタデ

タデ科　イヌタデ属
〈撮影地〉青森市桂木　2017年9月24日

自宅の敷地で勢力を広げつつあるイヌタデ。毎年、群落が大きくなってきている。円写真は花

ごぞんじ〝赤まんま〟（赤飯）。ままごと遊びの主役。イヌタデの実を集めて小さな茶碗に盛った赤まんまを、わたくしも旦那さま役でいただいたことがある。イヌタデは全国に普通に分布しているから、この遊びは全国共通のものだった。が、今は昔。ゲームに夢中の今の子どもたちは、ままごともイヌタデも知らないだろう。

漢字では犬蓼。牧野日本植物図鑑は「和名は犬蓼ニシテ人間ノ用ヲ為サズ不用ノたでノ意ナリ」。この植物にとり、気の毒きわまりない解説である。

人の役に立つ〝本物のタデ〟はヤナギタデ（別名・ホンタデ＝本蓼、マタデ＝真蓼）のこと。ヤナギタデの辛みは昔から好まれ、アユの塩焼き用のタデ酢や、刺身のつまの芽タデには、ヤナギタデを改良した品種が使われている。

犬には、似て非なるもの、という意味もある。すなわち、ヤナギタデに姿が似ているが、それとは異なるのでイヌタデ、というわけだ。ちなみにイヌタデは、かじっても辛くない。

イヌタデは日本在来種で、東アジアや東南アジアにも分布している。世界有用植物事典（1989年）によると、アジアから北米に帰化している、という。

（2015年11月10日）

オオイヌタデ

タデ科　イヌタデ属
〈撮影地〉青森市奥野　2015年9月14日

空き地に生えるオオイヌタデ。花穂が大きく垂れるのが特徴。花穂が直立するサナエタデとの簡単な見分け方だ。円写真は花

子どものころの遊びの定番は、ままごと。主食はイヌタデの実を集めた〝赤飯〟。だからイヌタデは、赤まんまと呼ばれた。野遊びでオオイヌタデを見つけると、それはもう大喜び。イヌタデは高さが30センチほどだが、オオイヌタデはゆうに1メートルを超える。実の〝収穫量〟はイヌタデの比ではなく、それこそ大量。

もちろん、すぐその場で即席ままごとが始まる。といっても、小さな茶わんなど持ち合わせていない。実を手のひらにどっさり乗せ、あむあむあむと食べるふりをするだけ。こちらは、赤い実と白い実が混じった〝紅白飯〟だ。おめでたい。

日本在来種。全国に分布、市街地の空き地や里山の道端に普通に生えている。大きいものは2メートル近くに達することも。果実は、赤一色のイヌタデとは違い、基本的には赤と白が混じっている。しかし、白一色のものもよく見かける。

オオイヌタデの花穂の出始めまでは、サナエタデとそっくりだ。両種の区別は、花穂の垂れの有無、葉脈数の多少、茎の節の膨らみの有無などで。しかし、オオイヌタデの茎の中ほどから上の節は膨らんでいないことが多い。茎の下部で見分ければいい。

イヌタデの名の由来については前ページを参照してください。

オオケタデ

タデ科　イヌタデ属
〈撮影地〉青森市奥野　2015年9月14日

空き地の片隅など、意外な場所に1本ぽつんと生えていることが多い。が、人の背丈を軽く超え、茎の高さが2メートル近くもある偉丈夫。茎もたわわに赤い花穂をたくさん付けるさまは、そこだけが浮き上がっている異次元空間。見る人を圧倒せずにはいられない。

インドから中国にかけての原産で、江戸時代の宝永年間（1704―1711年）に観賞用や薬用として導入された、という説があり、やがて野生化していった。青森県内では今でも、庭で観賞用に栽培しているところがある。名は、茎などに毛が目立つ大型のタデ（大毛蓼）という意味。

福岡大学薬学部生薬研究室のサイトによると、「江戸時代にはハブテコブラという別名があった」という。ポルトガル語由来の名のようで、新牧野日本植物図鑑（2008年）は、「ハブテコブラはマムシの解毒薬の名だが、この草の葉も同じ効用があるので、このように呼ぶ」としている。それにしても、毒ヘビのハブとコブラ双方の名を持つような別名はすごい。絢爛《けんらん》豪華な花姿とは真逆だ。

青森県内でも昔、毒蛇にかまれたら、この植物の葉の汁を塗ればよい、と子どもたちは教えられたものだ、という。しかし、本当に蛇毒に薬効があるのかどうかの実証例は、報告されていない。

なお、この空き地にはその後、住宅が建った。

（2016年9月6日）

人の背丈以上の高さにもなるオオケタデ。花の赤も色鮮やかで、非常に目立つ。円写真は花

ミズヒキ

タデ科　ミズヒキ属
〈撮影地〉青森市中央　2016年8月28日

祝儀袋などに使われる水引が、この植物の名の由来である。水引も植物のミズヒキも細長い形をしているが、植物の方は、花を漫然と見ていると赤一色にしか見えない。それなのに、紅白の水引に由来するとはなぜなんだろう、と不思議におもう人が少なくないかもしれない。

ミズヒキの花を見れば、その理由が分かる。花はとても小さいが、4枚あるがくの上半分が赤で、下半分が白。だから、上から見ると赤一色にしか見えない。しかし、花穂の先端をつまんで裏返せば、白一色になる。だから、紅白の水引に見立てたのだった。

日本全土の里山に普通に生えている。中国や朝鮮半島、インドシナ半島にも分布する。日本情緒たっぷりの花で、生け花や茶会などにも用いられる。

里山のイメージが強い植物だが、市街地でも多く見られる。とくに建物と建物の間の、日当たりがあまりよくない場所を好むようだ。その一方で、アスファルトや歩道ブロックの隙間などにも平気で生え、上品な姿とは裏腹にたくましさも持ち合わせている。

人は、敷地や軒先にさまざまな野草が生えると刈り取り、きれいにしたがる。だが、興味深いことに、ミズヒキは草刈りの対象にならないようで、残される傾向にある。市街地でよく目にするのはそのためかも。人々に愛されている植物である。

（2017年9月12日）

赤い実を付け、空き家の軒先に群落をつくるミズヒキ。円写真は花

メドハギ

マメ科　ハギ属

〈撮影地〉青森市浜田　２０１４年９月13日

茎や枝が真っすぐに伸びている植物である。夏のはじめごろまでは1本の茎でしかないが、それから秋にかけてぐんぐん丈を伸ばし、上部で放射状に枝分かれする。その枝も真っすぐだ。茎や枝に小さな葉をびっしり付け、葉の付け根に、マメ科植物特有の、蝶《チョウ》の形をおもわせる小さな目立たない花をたくさん咲かせる。

日本在来種で全国に分布、空き地や芝地、道端など乾いた場所に生える。青森県内も同様で、あちこちで普通に見られる。

占いに使う筮竹《ぜいちく》は現在、竹が原材料だが、昔はこのメドハギの茎を使った、という。茎が真っすぐなことから使われたのだろう。筮《めどぎ》（占い）に使われた萩だから筮萩（めどぎはぎ）。これが転訛《てんか》していつのころからか、メドハギになった、といわれている。草丈は1㍍ほどにもなる。

鹿児島、沖縄、奄美、対馬では、お盆のとき、仏前に供える料理にメドハギの茎で作った箸を添える風習が今もある。茎が直線的なための利用だ。

メドハギにはもうひとつ利用法があった。繁殖力が旺盛なことから、道路の法面《のりめん》緑化など土木工事に利用されてきた。だが現在は、中国や朝鮮半島原産のメドハギ近縁外来種が導入されている。オオバメドハギ、カラメドハギ、アカバナメドハギがそれだ。これらはそのうち野生化するのだろうか。

茎や枝が直線的なメドハギ。この直線性を利用し、昔は占いの筮竹に使われた。円写真は花

（２０１７年10月10日）

ウスバヤブマメ

マメ科　ヤブマメ属
〈撮影地〉青森市桜川　２０１６年10月2日

以前の植物分類はヤブマメ1種だった。しかし近年、本州中部以北のものは、葉が薄く毛が生えているのでウスバヤブマメと名づけられ、ヤブマメから分けられた。が、最近、両者の違いが明瞭ではなく区別できないので、ヤブマメ1種で良い、という学説が出ている。

研究の進歩に伴い、植物分類の考え方が変わる。また、研究者によっても分類の見解が異なる。とはいっても青森県内で見られるものは葉に毛が生えているので、ここではウスバヤブマメとする。

日本在来のマメ科植物。空き地や林縁、道端などの草藪《やぶ》で、ほかの植物につるを絡めて生育している。だから藪豆（ヤブマメ）と名づけられた。

サヤエンドウのような小さなさやを付けるが、豆は微小で食用には向かない。ところが、地中に閉鎖花を付け、これが直径1㌢にもなる実を成らせるという変わった特性があり、各地で食用にされてきた。

中でも、地中の実を重要な食料源にしたのが北海道のアイヌ民族だ。アイヌ民族博物館だより（２０００年7月）によると、地中果はビタミン類が豊富で、甘栗のようにほこほこしておいしく、アイヌは煮たり、ご飯と一緒に炊くなどして食べた、という。

（２０１７年10月17日）

他の植物に絡みつきながら勢力を広げるウスバヤブマメ。円写真は花と種子が入ったさや

マルバアサガオ

ヒルガオ科　サツマイモ属
〈撮影地〉青森市筒井　2018年9月29日

住宅団地に接した土手にアサガオが咲いているのを目にした。普通のアサガオの種子を誰かが捨てたのだろう、ぐらいにしかおもっていなかった。しかし、涼しい季節になっても勢いは衰えない。近づいてみたら、毛むくじゃらの太いつるが強烈に絡み合っていた。力強い。おまけに葉が丸い。おなじみの日本情緒豊かな、あのアサガオじゃない、と感覚的にすぐ分かった。熱帯アメリカ原産の帰化植物マルバアサガオだった。

日本には江戸時代の寛永年間（1624～1644年）、観賞用として入ってきたようで、その後、明治時代に再度輸入された。品種改良が行われ、さまざまな色・模様のものが開発されたが、暖地を中心に野生化が進み、本州以南の道端や空き地に生えている。国内では青森県が北限。青森県内では以前、花を楽しむため各戸の庭先で普通に栽培された。

「昭和30年代の青森県内では教材に使われ、小学生が自宅で育て、成長を観察したものだった」と話すのは津軽植物の会の木村啓会長。「なぜ普通のアサガオを使わなかったって？　それは、普通のアサガオは高くて高級品だったからさ」

土手で勢力を広げるマルバアサガオ。毛むくじゃらの太いつるが力強く、普通のアサガオとかなり趣を異にする

英名はCommon morning glory。直訳すれば「普通のアサガオ」。つまり、欧米でアサガオといえば本種を指す。ちなみに、アサガオを愛でるのは、日本だけの独自文化とか。江戸時代末期から東京・入谷で行われている情緒あふれる朝顔市は、その代表例といえる。

ハエドクソウ

ハエドクソウ科　ハエドクソウ属
〈撮影地〉八戸市内丸　2018年9月19日

なんとも恐ろしい名がつけられたものだ。ハエドクソウ（蝿毒草）。本種が持つフリマロリンという成分に殺虫効果があるためハエ退治に利用された歴史を持つ。

各種図鑑には、根を煮詰めたものを紙に染み込ませたハエ取り紙で駆除、とくに鮮魚店がよく使った、と書かれている。が、青森県内では、ハエの発生源となる便槽にこの草を丸ごと投げ込み、ハエの幼虫（ウジ）を駆除した。この方法は他県でも行われ、中国でも殺蛆剤《さっそざい》として利用された。

日本在来種で、青森県内でも里山の道端などに普通に生えている。茎や花穂がひょろ長く、茎は70㌢を超える場合も。果実の先端は鉤《かぎ》状になっており、衣服や動物の毛にくっついて移動し、分布を広げる。

八戸市役所前のロータリーにたくさん生えているが、種子が土と一緒に運ばれてきたのか、衣服に付いて運ばれてきたのか、どちらかだろう。

なお、昔、どの家庭にもぶら下がっていたハエトリリボンには、本種の毒成分は使われていない。このリボンは1930年に発明されたもので、最初のころの原料は、松脂《まつやに》とひまし油を合わせたものが使われた。現在の粘着剤は、石油系の油にゴムを溶かしたもの、とのこと。

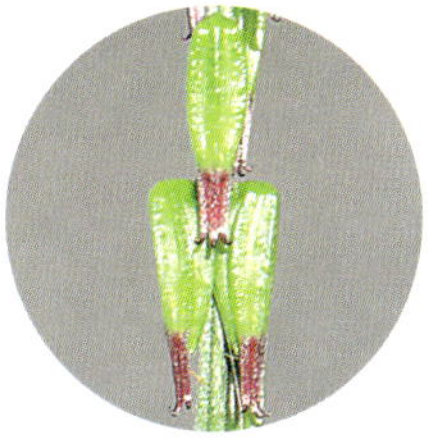

八戸市役所前のロータリーの草地に小群落をつくって生えるハエドクソウ。円写真は花と果実

アカネ

アカネ科　アカネ属

〈撮影地〉青森市筒井　2014年9月27日

舗装道にまでつるを伸ばすアカネ。地中茎は古くから、赤く染める染料として知られてきた。円写真は花

人里の林縁、土手などで普通に見られる植物である。小さな目立たない花を付ける地味な植物に、なぜ、雅《みやび》な雰囲気が感じられる茜（あかね）という名がついたのか。外見からは想像つかない。

実は、名の由来はこの植物の根にある。植物研究者が「根元から引き抜くと、茜色の地中茎が出てきて、その美しさに感動する」というほどの色。茜は、赤根という意味なのである。

日本在来種で、地中茎は古くから染料に使われてきた。根で赤く染まるので赤根＝茜と名がつけられた。赤く染まった雲を茜雲というが、アカネに由来する。

万葉の昔から知られた植物で、アカネが詠み込まれた歌は万葉集に13首ある。しかし、植物そのものを詠んだ歌は無く、いずれも日、昼、紫、君にかかる枕詞「あかねさす」として使われている。

けっこうたくましい植物で、ほかの植物に絡みつき、光を求めて上へ上へと伸びる。下向きの小さなとげが茎にいっぱい付いているため、ずり下がることはない。それだけでは足りず、道にもつるを伸ばす。

茜染めの原料として名をはせたアカネだが、現在の工芸染色には西洋茜が用いられ、日本茜は顧みられていない。

（2017年9月19日）

ヘクソカズラ

別名・ヤイトバナ　アカネ科　ヤイトバナ属
〈撮影地〉青森市桜川　２０１５年９月21日

白地に中心部が赤い、かわいい花。なのに名が屁糞蔓《へくそかずら》。だれだ、このようなとんでもない名をつけた人は！　つい、大きな声を出したくなるが、命名者は不明。なぜなら、大昔から連綿と受け継がれてきた名なのだから。

この名が出てくる最古の記録は万葉集。奈良時代の歌人であり官人の高宮王が歌に詠み込んだ。そのとき使った名は「くそかずら」。当時すでにこの名が広く知られていたことを意味する。

「くそかずら」だけでもひどい名なのに、いつのころからかその上に屁がつき、江戸時代後期の植物図鑑「草木図説」に「へくそかずら」の名で掲載された。

名に屁や糞がついた由来は、くさいにおいがする植物だから。いったい、どんなにおいがするのだろうか。青森市堤川の堤防に生えていたこの植物のにおいを及び腰でかいでみた。

葉は無臭。花は、ややきついキャベツの腐敗臭がした。屁糞みたいなにおいを恐れていたが、それほどきついにおいではなかった。これを排泄物のにおいに結びつけるとは、奈良時代（もっと前かもしれないが）の人たちの想像はたくましい。

この名があまりにひどい、と近年、「ヤイトバナ」（灸花）「サオトメバナ」（早乙女花）という別名が提案されたが、まだまだ「ヘクソカズラ」が主流だ。

（２０１５年12月８日）

堤川の堤防上で、柵に絡みついて勢力を広げるヘクソカズラ。円写真は花

ニガクサ

シソ科　ニガクサ属
〈撮影地〉青森市青葉　2015年8月23日

里山の、やや湿った半日陰のような場所を好む日本在来種。北海道から九州まで広く分布し、林縁、河川敷、水辺にも生える。複数の図鑑にそう書いてある。

しかし、実際には乾いた場所にも平気で生える。青森市青葉の広い空き地。どう見ても湿った場所ではない。しかしここで毎年、決まった場所にニガクサが生えていた。過去形を使ったのは、この場所にその後、集合住宅が建ち、観察できなくなったからだ。

青森市・青い森公園の南西角で本種を見たときは意外なおもいをしたものだった。目の前は県庁。秋、かん木の植え込みの間から、見慣れない植物が複数、顔を出した。葉を見るとシソ科植物のようだが、花を見なければ名を特定できない。花が咲くまで、毎日のようにその場所に足を運び、観察した。

ようやく花が咲いたときには拍子抜けした。ニガクサだったからだ。おそらく、種子か根を含んだ土が里山からそこに運ばれてきたのだろう。植え込みは、乾燥した場所の最たるものだが、水辺を好むはずのニガクサは平気だ。花はシソ科植物特有の唇形。中でも下唇が非常に発達し、舌のように垂れ下がっている姿が面白い。

漢字で書くと苦草。しかし、牧野日本植物図鑑（1940年）は「茎や葉は苦くない」と書いている。なぜ、このような名がつけられたのだろうか。謎だ。なめてみなかったのが悔やまれる。

広い空き地で花を咲かせるニガクサ。現在はここに集合住宅が建っている。円写真は花

アオジソ

シソ科　シソ属
〈撮影地〉八戸市内丸　2018年9月17日

空き地で、シソ科植物が花を咲かせているのを見つけた。葉や花が赤紫色の、いわゆるシソにそっくりの姿だが、これは緑の葉に白い花。調べてもらったら、料理の食材で大葉といわれるアオジソだった。大葉はしょっちゅう食べているが、生えている姿を見たのは、これが初めてだった。

シソは、ヒマラヤ～ビルマ～中国が原産で、中国南部で栽培された。日本には古い時代に渡来し、帰化した。葉と花が赤紫の品種をアカジソ、葉が緑で花が白の品種をアオジソといい、各家庭などで栽培されている。この栽培地から種子が逸出、野生化したものが、道端や空き地で生えている。

シソの名の由来は、中国名・紫蘇をそのまま日本語読みしたもの。食中毒の中国人に紫の葉を食べさせたところ蘇《よみがえ》ったので紫蘇と名づけられた、という説がある。

アオジソの葉を大葉と呼ぶようになったのは、静岡県のつま物生産組合が1961年ごろ、アオジソの若葉をオオバの名で出荷したところ好評で、やがて大葉と呼ばれるようになった、という。今では刺し身のつま、薬味、天ぷらの具材など食卓や飲食店に無くてはならないものになっている。

津軽地方ではアオジソの果穂を漬けたものをトヅケ(塔漬)と呼び、ご飯のおともにした。年輩の方には懐かしい味である。

空き地で白い花を咲かせるアオジソ。大葉（オオバ）の名の方が知られている。円写真は花

ナギナタコウジュ

シソ科　ナギナタコウジュ属
〈撮影地〉青森市長島　２０１５年10月21日

低山地や里山の道端に生えているイメージが強い植物だが、市街地でもおもわぬ場所に姿を見せる。

２０１４年、青森市の旭町地下道の出入り口付近に生えているのを見つけたが、うまく撮影できなかった。翌年こそは、と狙っていたが、生えてこなかった。この植物は一年草だったのである。

次に見つけたのは、青森市長島の通称じょっぱり横丁で。電柱の根元、アスファルト道路との隙間から生えていた。それが、この写真だ。近付いて撮影すると、シソとハッカを合わせたような強い芳香が鼻腔をくすぐった。

このほか八戸市の中心部・内丸の小公園では群落が見られる。

名のナギナタは武器の薙刀《なぎなた》のこと。小さな花が、花穂の片側にびっしり付いており、弓なりになっていることが多いため、薙刀の刃をイメージし、名づけられた。また、コウジュは中国の香薷《こうじゅ》という薬草に似ていることに由来する、といわれている。

日本と韓国でも香薷という名の薬草があるが、この場合はナギナタコウジュを香薷といっており、中国のものとは違う。

北海道から本州にかけて分布する日本在来種。生薬として古くから利用されてきたナギナタコウジュだが、北海道では畑地の主要害草の一つに挙げられている。

飲食街に立っている電柱の根元の隙間から生えるナギナタコウジュ。円写真は花（２０１６年11月１日）

コウヤワラビ

別名・ゼンマイワラビ　コウヤワラビ科　コウヤワラビ属
〈撮影地〉青森市東大野　2017年9月9日

川岸に生えるコウヤワラビ。シダ植物だが、葉がワカメに似ている。円写真は胞子葉の一部

市街地ではあるが、コンクリート製のU字溝が入っていない昔ながらの小川が流れている所がある。その両岸にコウヤワラビが延々びっしり生えていた。調べてみて合点がいった。本種は、川岸など湿った草地が大好きな植物だったのだ。

日本在来種。シダ植物の一つだが、ワカメのような葉を付ける変わりダネ。同じ株から栄養葉と胞子葉を出す。ワカメのような葉が栄養葉で、光合成をつかさどる。胞子葉は胞子をつくる葉で、軸に小さな球状葉をたくさん付ける。スギナに例えれば、ツクシが胞子葉でスギナが栄養葉となる。

漢字で書くと高野蕨。牧野日本植物図鑑（1940年）は「和歌山県高野山に生ずるから」と名の由来を記している。多くの図鑑がこれを引用しているが、コウヤワラビが高野山で見つかったことはないとされる。このため新牧野日本植物図鑑（2008年）では「高野山に産すると思われたから」と記述を変えている。なぜ高野を当てたのかは謎である。芽出しはたしかにワラビに似てはいる。

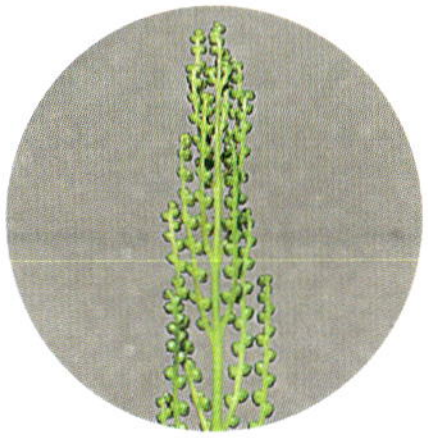

同じコウヤなら高野より荒野がふさわしい。葉がゼンマイに似ているので、別名のゼンマイワラビの方が分かりやすい。

歩道の植樹枡《ます》に群生するアキノエノコログサ。青森県内に生えているエノコログサの仲間の中で穂が一番大きい

アキノエノコログサ

イネ科　エノコログサ属

〈撮影地〉青森市本町　2016年9月10日

秋、市街地の道端や空き地で普通に見られる野草の一つである。青森県内で一般的なエノコログサの仲間は4種類あるが、その中でアキノエノコログサは一番大きく、穂も立派だ。

子どものころ、この穂でよく遊んだものだった。逆さまにした穂を握り、軽く〝にぎにぎ〟すると、不思議なことに穂がせり上がってくる。たわいない遊びだが、ついやりたくなる。今でも年1回くらいは、こっそり〝にぎにぎ〟する。

日本在来種で、漢字で書くと秋の狗尾草。穂を子犬のしっぽに見立て、エノコログサより花期が遅いので「秋の」をつけた。エノコログサに似るが、エノコロの穂がほぼ直立するのに対し、アキノは大きく垂れるので見分けられる。

日本では、愛すべき野草というイメージだが、アメリカに渡りトウモロコシ畑の雑草として猛威をふるっている。一方、日本でも、トウモロコシ畑に以前は見られなかったアキノエノコログサが侵入し、問題化している、という。

この現象は、アメリカに渡ったアキノエノコログサが、今度は日本に帰化植物として入り、アメリカ同様、トウモロコシ畑に侵入したもの、と考えられており、まるで逆輸入のような現象だ。「雑草はなぜそこに生えているのか」（稲垣栄洋著）が、そう伝えている。

（2018年9月18日）

キンエノコロ

イネ科　エノコログサ属
〈撮影地〉青森市本町　2018年9月2日

ネコジャラシと親しみをこめて呼ばれているエノコログサの仲間たち。穂がもふもふ状で、人間が本能的に受け入れる要素があるのだとおもう。

エノコログサ属の中で、青森県内で普通に見られるのはアキノエノコログサ、エノコログサ、ムラサキエノコロ、そしてキンエノコロの4種だ。

キンエノコロは、全国に分布。日当たりの良い空き地や道端に普通に生えている。穂の剛毛が黄色だが、逆光で見ると黄金色に見えることからキンエノコロと名づけられた。漢字で書くと金狗尾。穂を子犬のしっぽに見立てた。アキノエノコログサのように穂は垂れず、直立状態だ。日本在来種だが、一説には稲作に伴って渡来した史前帰化植物と言われている。

しばしば群生する。忘れられないのは、青森市青葉での光景。広い空き地にキンエノコロの大群落。逆光を受け、金色に輝く無数の穂。非現実の世界が広がっていた。が、この空き地にはその後、集合住宅や個人住宅が建ち並んだ。

本種の穂は短いものは3センチ、長いものは10センチほどと、ずいぶん幅がある。しかも長穂型と短穂型とでは外見が別種のように見える。この疑問を研究者にぶつけてみたが「同じキンエノコロです」。

本種に似たコツブキンエノコロ（小粒金狗尾）は帰化種。小穂（穂を構成する粒状のもの）が広卵形で長さ2・8~3ミリがキン…、長楕円《だえん》形で長さ2~2・8ミリがコツブ…。青森県内ではコツブ…は少ない。

空き地で群落をつくるキンエノコロ。逆光で見ると、穂が黄金色に輝いて見える。これが名の由来

ムラサキエノコロ

イネ科　エノコログサ属
〈撮影地〉青森市新町　2016年10月29日

新町通りの歩道脇に生えるムラサキエノコロ。円写真は花穂の剛毛。赤紫色〜紫褐色と色づいているのが特徴だ

津軽植物の会会長の木村啓さんと一緒に青森市本町の野草を観察していたときのこと。「ムラサキエノコロがずいぶん多いですね。五所川原市では極めて少ないんですよ」と木村さんが言った。

青森市や八戸市の中心市街地を歩いてみると、エノコログサの仲間で一番多く目につくのはムラサキエノコロだと感じていた。だから当然、五所川原市の市街地でも普通に見られるものとばっかりおもっていた。それが極めて少ないとは。

木村さんは言う。「ただし、五所川原市でも近年、各所で見られるようになってきた。ムラサキエノコロは都市化に比例して多くなっているように思える。したがって、農村地帯ではほとんど見られません」

青森市や八戸市の市街地中心部を見ると、街路樹の植樹枡《ます》など土が豊富な場所では大型のアキノエノコログサが多く見られるが、歩道ブロックの隙間など劣悪な環境では圧倒的にムラサキエノコロが多い傾向にある。

エノコログサ（狗尾草。花穂をイヌコロ＝子犬＝のしっぽに見立てた）によく似ていて、花穂の剛毛が赤紫色〜紫褐色なので、ムラサキエノコロと名づけられた。

チカラシバ

イネ科　チカラシバ属
〈撮影地〉青森市東大野　2017年9月15日

通勤のためクルマを走らせていたら、車道の端に、猫のしっぽのような太くて長い花穂をつけた植物が目に入った。この特徴的な姿はチカラシバだ。クルマから降り、見てみたら案の定、チカラシバだった。

日本各地に分布している在来種で、道端、空き地、土手などに生え、時として群生する。青森県内では、里山の道端、とくに日当たりの良い水田脇の農道の端で見るイメージが強い。

車道の端にたまった土から生えるチカラシバ。本来は里山に多い植物だ。円写真は花

名は力芝の意。芝を大型にしたような草で、葉をつかんで力まかせに引き抜こうとしても、ビクともしないことから、この名がつけられた。わたくしは子どものころからこの植物を知っており、何度か引き抜こうと試みたが、たしかにビクともしなかった。手が痛くなるだけだった。抜きにくいのは、地中のヒゲ根の張りが非常に強いことによる、という。

「野草の名前」（高橋勝雄、2003年）は、チカラシバの先端をしばり、後から来る人の足を引っ掛けさせる遊びがあった、と記している。子どものころ、マンガ雑誌でこの遊びを知ったわたくしは、早速試してみた。しかし、こんな単純ないたずらに引っ掛かる大人なんていなかった。そもそも道の端の草むらを歩く人はいない。

花穂がふさふさ太く見えるのは、黒紫色の剛毛が密生しているため。剛毛は約2センチある。だから直径約4センチの、太い穂に見える。

オヒシバ

イネ科　オヒシバ属
〈撮影地〉八戸市番町　2018年9月12日

本州以南に分布する暖地系の野草。生命力が非常に旺盛で、各地の道端、空き地などでごく普通に見られ、日当たりの良い場所ではオヒシバを見ないところはない、というほど。しかし、分布北限の青森県では極めて少ない。

道端に生えるオヒシバ。青森県は北限。八戸市では目につくが、他の地域では極めて少ない。円写真は花穂の一部

わたくしが青森市青葉の道端でオヒシバを初めて見たのは、市街地での野草観察を始めてからなんと5年目のことだった。弘前市でも五所川原市でも簡単に見つけられない、という。ところが9月中旬、八戸市の中心部を歩いていたら、番町の道端や内丸の芝地で、多く目についた。あれほど見つけにくかったのに。なんだか拍子抜けするおもいだった。

日本在来種。漢字で書くと雄日芝。夏の強い日差しのもとでも盛んに繁茂する芝、という意味で日芝。似たような姿をしているメヒシバ（雌日芝）より、放射状に広がる花穂が、太くてたくましいことから雄がついた。もっとも、両種は姿が似ているが、違うグループの植物だ。

日本ではまったくの雑草扱いで、オヒシバ駆除用の除草剤もあるほど。しかし世界に目を向けると、インドでは食料不足のときの食料、熱帯では牧草、中国では薬用、インドネシアのジャワでは若芽を野菜に、というように広く役立っている。

スズメノヒエ

イネ科　スズメノヒエ属

〈撮影地〉青森市東大野　2015年9月14日

車道と歩道の隙間に生えるスズメノヒエ。日本在来種だが、劣悪環境をものともしない強さがある。円写真は花

スズメノテッポウ、スズメノカタビラ…新牧野日本植物図鑑（2008年）によると、名にスズメがつく植物が17種もある。総じて、小さいものの例えにスズメが使われる。スズメノヒエもその一つ。それだけスズメが身近な鳥で、人々に愛されてきた証左といえる。

このスズメノヒエは、日本在来種だが、帰化植物に負けず、道端、空き地など太陽がよく当たる場所に生えている。

イネ科植物の小穂はとんがっているものが多いが、本種のそれは丸いのが大きな特徴だ。枝に2列になって、丸い小穂がびっしり付いている姿は、なんともかわいらしい。

これを、「スズメが食べるヒエ」になぞらえ、スズメノヒエと名づけられたが、じっさいスズメが食べるのかどうかは知らない。

人間が食べるヒエとスズメノヒエは、同じイネ科植物だが、分類的にはまったく別のグループに属する。つまり、スズメノヒエは名ばかりで、いわゆるヒエではないのである。

歩道縁石と車道の隙間にスズメノヒエが生えているのを見つけた。劣悪な環境でもしっかり根を下ろしていた。日本在来種だが、なかなかしたたかだ。

（2015年10月6日）

アシボソ

イネ科　アシボソ属
〈撮影地〉青森市青葉　2014年8月31日

女性が体の部分でふだんから気にしているところはどこだろう。ポーラ文化研究所は2000年、首都圏の女性910人を対象に、そんな調査を行った。それによると、10代後半から20代前半の女性が気にしている部分は、太もも、ふくらはぎという脚が突出して多かった。ちなみに45歳以上は、首が一番多かった。

すらりとした細い脚にあこがれている若い女性。この植物は、彼女らがうらやむ脚細（アシボソ）を名に持つ。植物の茎はふつう、根から出ている部分が一番太い。ところがこの植物は逆に、根に接する茎が、その上より細い。これが、名の由来となった。

日本在来種で、全国に分布。青森県内でも、すこし湿った林縁などで見られる。撮影したのは、住宅街の空き地に接する側溝の縁で。細くとがった葉をまばらに付け、すらりとした姿。どこか、ひょうひょうとしたたたずまいで、ユーモラスでもある。

生えている場所は湿っており、アシボソのほか多くの野草が見られ、お気に入りだった。これからも、ここを撮影ポイントにしよう、とおもっていたところ、広い空き地は住宅地用に造成され、側溝一帯はコンクリートで固められてしまった。

意外なことに、青森市の中心街・新町通りやその周辺の空き地にもけっこう多く生えている。

（2016年2月9日）

すらりとした姿のアシボソ。根元になると細くなる。これが名の由来となった。円写真は花

ササガヤ

イネ科　アシボソ属
〈撮影地〉青森市桂木　2016年9月17日

塀際の隙間から生えるササガヤ。円写真は右が花穂。左は花

塀際の隙間から、イネ科植物が生えていた。ササのような、アシボソのような…。何だろう。花期を待って、研究者に調べてもらった。ササガヤだった。

　生育場所の南側は高いコンクリート塀、東側は二階建て住宅、西側は中央大橋。それぞれからの光が遮られ、北側だけがわずかに開けている。高木恭造の方言詩集「まるめろ」に収録されている詩「陽コあだネ村―津軽半島袰月村で」を連想した。

　厳しい環境をものともせずに生えるササガヤ。が、考えてみれば、半日陰を好むこの植物にとっては、それほど劣悪な環境ではないのかもしれない。光が不足し、ほかの植物が入り込めないため、独占的に生えることができる。

　日本在来種で、全国の林の縁などあまり日が当たらない場所に多く生えている。同じグループに、よく似たアシボソがあるが、アシボソの方が大きく、茎が直立するので見分けられる。

　漢字で書くと笹茅。葉がササに似ているのが名の由来。茅はイネ科、カヤツリグサ科の総称。

（2017年1月31日）

コブナグサ

イネ科　コブナグサ属
〈撮影地〉青森市青葉　２０１４年９月13日

住宅街の側溝。葉の縁が波打つ植物が群落をつくっているのを見つけた。イネ科植物としては珍しく葉に赤褐色の縁取りがあり、デザイン的になかなか素敵。コブナグサだった。

林道脇や湿ったところを好む、里山で普通に見られる日本在来種。名は、葉を川魚の小ブナに見立てたのが由来、という。そういわれても私の目にはなかなかフナに見えない。昔の人たちの感性の豊かさに驚かされる。

なんの変哲もない植物のように見えるが、東京都八丈島に伝わる、草木染め黄八丈の染料として知られている。その鮮やかな黄色は、門外漢の私でも印象に強く残っている。黄八丈の黄色は「本種の煎汁を用いてツバキの灰で発色させる」（世界有用植物事典）とのこと。コブナグサの煎汁とツバキの灰。この組み合わせに到達するまで、試行錯誤が気の遠くなるほど繰り返されたことだろう。

コブナグサの名は、江戸時代後期、博物学関係の複数の書物に登場している。イネ科植物はどれも似たような姿をして目立たないが、この植物が書物に掲載されたということは、黄八丈の染料として本種が、当時の学者の間で広く知られていたことをうかがわせる。

（２０１５年11月24日）

側溝の縁に生えるコブナグサ。円写真右は葉。この形をコブナに見立てた。左は長い「のぎ」（毛）

コスズメガヤ

イネ科　スズメガヤ属

〈撮影地〉青森市東大野　２０１５年９月５日

イネ科植物はみんな同じような姿をして区別がつきにくいため、植物愛好家からも敬遠されがち。だが、コスズメガヤは見た目がかわいいので、野外植物観察会などで人気がある。小穂が小さい俵のように見え、それが遠目には星を散りばめたような草姿に見える。感受性に乏しいわたくしが見ても素直にかわいい、とおもう。

ユーラシア原産。全世界の暖地に帰化している。日本には明治時代に侵入し定着した、と考えられている。

青森県で見つかったのは意外に遅く、１９７０年代後半のあたりに、弘前市のＪＲ石川駅前の広場で群落をつくっていたのが最初の観察記録。このとき、近くの弘南鉄道大鰐線の石川駅前には生えていなかった。北海道ではさらに10年ほど遅れ、旭川市で１９８７年に初めて見つかった。

近縁の日本在来種・スズメガヤより草姿や小穂が小さいためコスズメガヤ（小雀茅）。スズメは小さいことを表す。かわいいが、在来のスズメガヤより断然勢力が強く、普通に見られるのはコスズメガヤの方。道端や空き地などに生え、アスファルト道の隙間や、電柱・街灯の根元など劣悪な環境にも平気で入り込んでいる。さまざまな環境でも生育できるということは、適応能力が高いことを意味する。全世界の暖地に帰化しているのもうなずける。

車道と縁石の隙間から生えるコスズメガヤ。円写真は花

（２０１７年８月29日）

ヌカキビ

イネ科　キビ属
〈撮影地〉青森市桂木　２０１８年９月23日

イネ科植物はみんな似たような姿をして、見分けがなかなか難しい。が、このヌカキビは特徴があり、一目で分かる。わたくしはこの植物を見て、風にゆらゆら揺れるモビールを連想。はかなげなその姿は、妙に琴線に触れ、大好きな植物の一つとなっている。

青森市桂木の自宅敷地に本種を見つけたのは２０１４年のこと。同じ季節、同じ場所に、少しずつ株を増やしながら５年連続で生えている。毎年、この植物の〝モビール〟が開くのを楽しみに待っている。

同市筒井の住宅街の小道で、小群落を見つけたときはうれしくなり、しゃがんで、見入ったものだった。

茎が非常に細いため、ほかの植物に寄りかかりながらやっと真っすぐ立っている姿はいじらしく、茎から伸びる枝が微妙に縮れているのは、微苦笑を誘う。

ヌカキビ（糠黍）の糠は、細かいなどの意味を表す語。雑穀のキビと同じ仲間で、枝の先端の小穂が長さ２ミリと非常に小さいから糠を当てた。

日本在来種で、やや湿った道端、空き地、林縁などに生える。よく似た植物は帰化植物のオオクサキビで、茎から穂が出てくる段階ではまったく同じ状態。

しかし、成熟した段階では、ヌカキビの場合、枝が横に張り出し、小穂を付けた枝の先端が垂れ下がるが、オオクサキビは、枝も小穂も垂れ下がらず上を向く。また、オオクサキビの方が大型で頑強。

ヌカキビの草姿は、さながらモビール。わずかな風でも、ゆらゆら揺れる。円写真は花

オオクサキビ

イネ科　キビ属
〈撮影地〉青森市桂木　2015年9月23日

新しく空き地ができたとき、どんな植物が生えてくるのか、非常に興味がある。そして、時間とともに植物の顔ぶれが変わってくるのを見るのが楽しみだ。

青森市桂木に、奥野土地区画整理事業の現地事務所があった。同市の桂木、緑、青葉地区を今見られるような整然とした街並みにつくりかえた。使命を終えたあと、事務所は別の用途に使われていたが、2015年になって撤去され、広い空き地があらわれた。

そこに進出し、一面の群落をつくったのがオオクサキビ（大草黍）だった。

北アメリカ原産で、世界各地に広く帰化している。日本では1927（昭和2）年に千葉県で初めて見つかった。

湿った土地でもよく生育することから、1970年代から80年代にかけて、水田転作作物に利用できないか、と各地で試作された。中でも、発酵させ飼料作物としての可能性が模索され、一定の研究成果が上がったが、普及までにはいたらなかった。

試作の過程で野生化、道端、荒れ地、水田周辺などに分布を広げ、青森県内では1980年代初めのころから見られるようになった。県内では利用された記録は無い。

青森市では、青森中央大橋の車道と歩道の隙間、大型小売店の緑地帯、砂利を敷いた駐車場などでも見られる。

空き地に群落をつくっているオオクサキビ。その後、都市公園に整備され、オオクサキビはここから姿を消した。円写真は花

（2015年12月15日）

歩道の植樹枡に群落をつくるススキ。秋を代表する植物の一つだ。円写真は花

ススキ

イネ科　ススキ属

〈撮影地〉青森市桂木　2017年9月16日

人々が古くから好んできた植物の一つである。万葉集には「すすき」「尾花」「かや」という、ススキとおもわれる植物を詠んだ歌が四十数首も収録されている。その中で、山上憶良が読んだ歌が秋の七草の由来といわれている。

歌謡曲「船頭小唄」や「昭和枯れすすき」にススキはうたわれ、花札の八月の柄はススキ。現代の世でも、お月見にススキは欠かせない。ことわざでは「幽霊の正体見たり枯れ尾花」が有名。大辞林によると「幽霊かと思ってよく見ると枯れたススキの穂であった。実体を確かめてみると案外、平凡なものであるという意味」。

青森県内では、屋根を葺《ふ》く材料や家畜のえさなどに広く使われた。

ススキの語源は「すくすく育つ木」という説がある。別名の尾花は、穂を馬の尾に見立てた。

森林の伐採跡や原野火災のあと、ススキはいち早く生え、群落をつくる。生命力あふれる、草原の優占種。市街地のちょっとした空き地でも普通に見られる。

日本在来種で、わが国では人々に長く愛されてきたススキだが、日本からアメリカに帰化し、大暴れしていると聞くと、複雑な気持ちになる。

（2018年9月11日）

ヨシ

別名・アシ　イネ科　ヨシ属
〈撮影地〉青森市東大野　2014年10月12日

日本書紀や古事記は、わが国を「豊葦原《とよあしはら》の瑞穂《みずほ》の国」と称した。アシが豊かに茂り、みずみずしい稲穂が広がる国、という意味だ。万葉集の多数の歌にもアシは登場する。

アシという名が使われ続けてきた日本在来種だが、江戸時代になって「アシは『悪《あ》し』に通じて縁起が悪い。『善し』にしよう」とヨシに改名された。うそみたいな話だが牧野日本植物図鑑（1940年）などがそう記している。

岩木川下流の河川敷は見渡す限りヨシの大群落。昔の人々はこの良質なヨシで屋根を葺《ふ》いた。ヨシの売り上げはかなりの額にのぼったようで、刈取権を持っていた武田村（現中泊町）の組合と、割って入ろうとする車力村（現つがる市）を中心とする組合の間で激しい紛争が起き、訴訟合戦に発展した。1951年から54年にかけてのことだった。

ヨシは、リンゴの花の授粉で活躍するマメコバチの巣や、涼を演出する葦簀《よしず》の材料に使われている。パスカルの名言「人間は考えるアシである」もヨシのことだ。改名したのだから「人間は考えるヨシである」としても良さそうなものだが…。

青森市桂木、緑、青葉地区などで、アスファルトを破ってヨシが生えている姿をよく目にする。これらの地区が以前、湿地でヨシ原だったことの名残である。

（2016年1月5日）

ビルと大型店の間に群落をつくるヨシ。一帯がかつて、広いヨシ原だったときの名残だ。円写真は花

カヤツリグサ

カヤツリグサ科　カヤツリグサ属
〈撮影地〉青森市桜川　2014年9月27日

夏から秋にかけて、道端、空き地、植え込みなど日当たりの良い裸地に、線香花火のような穂をつけたカヤツリグサがあらわれる。乾いた場所を好むようで、歩道と車道の隙間や、駐車場のアスファルトのわずかな隙間にも生えたりする。

日本在来種で、名の由来について新牧野日本植物図鑑は「蚊帳釣草の意味で、2人の子供が互に茎を両端から裂くと4本に分かれて四角となるので、この遊びを蚊帳をつるのに模してこの名がついた」と記している。

じっさいにやってみた。茎の断面が三角形なので、うまく四角になるときもあれば、四角ができないときもある。これがなんとも面白い。つい夢中になってしまった。が、県内の人たちがこのように遊んだ、という話は聞かない。

「野草の名前」（高橋勝雄著）によると「本種の名前は室町時代の『下学集』に登場するほか、江戸時代のいくつかの文献にも記載されている」という。茎を裂く遊びはずいぶん昔からあったんだなあ、と驚かされる。いや、満足な遊び道具がなかった昔だからこそ、子どもたちは手近なものをなんでも遊びの道具にしたのだろう。

蚊帳。わたくしも子どものとき、夏になればその中で寝た。蚊帳の中に蚊が入れば大変な騒ぎ。なつかしい思い出である。

（2015年10月27日）

歩道ブロックの隙間から生えるカヤツリグサの群落。円写真は小穂

コゴメガヤツリ

カヤツリグサ科　カヤツリグサ属
〈撮影地〉青森市東大野　2015年10月18日

墓参りのたびに、弘前市禅林街にある禅林広場を訪れる。ある年のこと。お盆のときは芝生が普通に広がっていたが、秋彼岸で訪れたときは様相が一変していた。緑色のはずの芝生が、もこもこした黄色いじゅうたんのようになっていた。芝生一面にコゴメガヤツリが大群落をつくっていたのだ。黄色に見えたのはコゴメガヤツリの無数の花穂だった。

日本在来種で、水田のあぜや休耕田に大群落をつくるが、乾いているはずの禅林広場に、これほどたくさん生えるとはおもってもみなかった。後で知ったことだが、この芝地はけっこう湿り気があるのだった。が、乾燥している市街地の植樹帯や道端などでも元気に生えている。世界の温帯に広く分布、水田の主要雑草として知られている。

コゴメガヤツリを漢字で書くと小米蚊帳吊。茎を両端から引き裂くと四角形の枠ができ、これを蚊帳を吊る部分に見立てた。

問題は小米だ。牧野日本植物図鑑（1940年）は、名の由来を「小米は、花が小型だから」という趣旨の説明をしているが、わたくしは合点がいかない。小穂の鱗片をよく見ると、丸っこくて、まるで米粒そっくり。しかも、鱗片の長さは1・5ミリほどと非常に小さい。砕け米を小米ともいう。これらが、小米の由来ではないか、とひとり確信している。

（2017年10月24日）

歩道の植樹帯に生えるコゴメガヤツリ。円写真は小穂。鱗片を小さな米粒に見立て、この名がつけられたのではないか

チャガヤツリ

カヤツリグサ科　カヤツリグサ属
〈撮影地〉青森市桂木　2014年9月7日

この「あおもり　まち野草」に収録している写真は、植物がどのような環境に生えているのかが、できるだけ分かるように撮影している。だから、草丈の低い植物の撮影は、背景を写し込むために、腹ばいになってカメラを構えなければならない。

ぴくりとも動かず、公の歩道で腹ばいになっていると「大丈夫ですか？」と行き倒れを案じられることがしばしばあった。青森県民の親切心を感じた一コマだった。チャガヤツリも腹ばいになって撮影したが、自宅敷地内なので、通行人に心配をかけることはなかった。

自宅敷地の日当たりの良い場所に生えるチャガヤツリ。2年ほど生えていたが、その後姿を消した。円写真は小穂

日本在来種で、全国に分布している。カヤツリグサの仲間で、小穂の鱗片《りんぺん》が茶色なことから名づけられた。カヤツリグサの名の由来は2ページ前のカヤツリグサの項を参照されたい。

カヤツリグサに似ているが、①チャガヤツリは花序枝が枝分かれしない②小穂の鱗片が茶色③鱗片の先端の突起が長く、突起がやや反り返っている—ことなどで見分けられる。カヤツリグサよりも、やや乾燥した場所を好む。

青森県内では普通。畑地、道端、空き地などに生えている。2014年、自宅敷地の日当たりの良い場所に生えているのを初めて見つけたが、2年ほどたったらなぜか姿を消した。普通種だが、いなくなると一抹の寂しさを感じる。

アオガヤツリ

別名・オオタマガヤツリ　カヤツリグサ科　カヤツリグサ属
〈撮影地〉青森市桂木　2015年9月23日

自宅塀の際の、わずかにある土に小群落をつくるアオガヤツリ。円写真は小穂。花を咲かせている状態だ

茎の先端に小穂が集まり、玉をつくっている。カヤツリグサの仲間とはおもえないかわいらしい姿だ。名のアオは、小穂が緑色だから、という。ここで、昔から疑問におもっていたことを突然、おもい出した。信号機の緑をなぜ青というんだろう、と。

考えてみれば、同じケースがたくさんある。緑色なのに青い森、青リンゴ、青葉、青菜、青汁、青虫、青竹、青田刈り、青々と茂る…。なぜ？　すこし調べてみた。説がいろいろあった。

その一つが、元来日本には緑を表現する習慣がなく、広義には緑も青に含まれ、緑を青と表現することが習慣化されていた、という説。わたくしは、この説に一票を投じたい。

日本在来種。本来は湿った場所に生えるが、乾燥した場所にも平気で生える。

青森市東大野でこの植物を見つけ撮影を試みたが、2年間挑戦しても満足な写真が撮れなかった。困っていたら2015年に突然、自宅の塀の際に群落を作った。それを撮影したのがこの写真だ。翌年もあらわれることを期待していたが、姿を見せなかった。この植物は一年草だったのである。

（2016年10月18日）

ヒメクグ

カヤツリグサ科　カヤツリグサ属
〈撮影地〉弘前市西茂森　2017年9月10日

茎の先端に直径1チセンほどのイガグリに似たものを1個つける。このイガグリは小穂の集まりで、花期になれば、イガの一つひとつから花が出て、全体がわさわさ状態になる。わたくしは、このイガグリ状の花序を付ける草が好きで、アオガヤツリ（前ページ）同様、このヒメクグも大好きな植物の一つ。日本在来種で全国に分布、湿った日なたの草地を好む。

本種を初めて見たのは、青森市青葉の広い空き地で。晩秋だったため、イガグリも葉も茶褐色に変色していた。次に見つけたのは、弘前市禅林広場の芝地で。あいにくカメラを持っていなかったので、数日後に出直したら、刈られたあとだった。こうして2017年にやっと撮影できたが、いちど草刈りされ、写真を見て分かるように、葉の先端がいずれも欠損していた。ここの芝地は、湿っているので、本種の生育に適しているのだろう。

不思議なのは、名のクグである。世界有用植物事典によると、クグとはカヤツリグサ類の古い名称とのこと。ただ、どの図鑑を見ても、クグの意味は分からない。クグには古来、さまざまな漢字が当てられてきており、現在の表記は、沙草または莎草。これらから本種ヒメクグ（姫沙草）は、小さなカヤツリグサという意味とおもわれる。

弘前市禅林広場の芝地に群落をつくるヒメクグ。円写真は小穂の集まりで、一斉に花が咲いている状態

トキンソウ

キク科　トキンソウ属

〈撮影地〉青森市長島　2017年9月9日

石畳を這うトキンソウ。円写真は花の集合。中心部に見える数個の花状のものは両性花。その周囲に点々とあるのは雌花

青森市の中心部にある青い森公園。その石畳を這《は》うようにトキンソウが茎を伸ばしていた。茎には球形の花の集合体（頭花）がいくつも付いていた。

この頭花が面白い。3～4ミリの小さな球だが、拡大してみると、中心部に数個の両性花があり、その周囲に無数の雌花が配置されている。

両性花とは雌しべと雄しべを一つの花に持つ、いわゆる普通の花。その両性花と単性花の組合せで頭花をつくるというユニークなシステム。単性花は、他家受粉のチャンスを広げる役割があるのだろうか。いずれにせよこの植物にとって、リスク管理上、これがベストの組み合わせなのだろう。

日本在来種で、全国に分布。道端、畑地、水田などに見られる、という。東アジアや豪州にも分布。北米には帰化している。

トキンソウという名の由来には2説ある。一つは、わが国植物学の祖・牧野富太郎が言っている吐金草。頭花を指で押しつぶすと黄色い種が出てくる。この状況を「金を吐く」に見立てたという。縁起がいい由来ではある。

一方の説は頭巾草。頭花を山伏が頭に付ける小さな頭巾（ときん）に見立てたもの。弁慶の勧進帳でおなじみだ。牧野説の方がこじつけ気味だが、どっちも面白い。

（2018年9月4日）

ヒヨドリバナ

キク科　ヒヨドリバナ属

〈撮影地〉青森市新町　2017年10月9日

北海道から九州の、明るい林縁などに普通に見られ、里山のイメージが強い植物だが、市街地にもしばしば姿を見せる。とくに、道端や駐車場などアスファルトの隙間から生えているのが散見される。劣悪な環境をものともしないたくましさを持っている。

あるとき、青森市中央の電柱根元から生えているヒヨドリバナを見つけた。まだつぼみだったので、毎日観察を続け、花が咲くのを待った。しかし、開花直前、誰かにちょん切られてしまった。見栄えのする花だから、切って持ち帰りたい気持ちは分からないでもないが…。青森県内では、生け花愛好者たちが、県内に分布しないフジバカマの代用として、ヒヨドリバナを使っている、という。

どの図鑑を見ても、名の由来を「ヒヨドリが鳴くころに咲くから」としている。その原典は江戸時代後期の「古今要覧稿」（屋代弘賢編集）。鳥が鳴くのは主に繁殖行為のため。ヒヨドリの繁殖期は5～9月と長い。この期間に咲く花は数多く、なぜこの植物だけにヒヨドリの名を与えたのか根拠に乏しい。命名者がこの花を見ていたとき、たまたまヒヨドリが鳴いていたからという、たあいのない理由で名づけた可能性がある。

なお、ヒヨドリバナには変異が多い。変異それぞれに名がつけられ、ヒヨドリバナは広義の名、とする学説もある。

（2018年10月16日）

駐車場の端で花を咲かせるヒヨドリバナ。円写真は花

サワヒヨドリ

キク科　ヒヨドリバナ属
〈撮影地〉青森市新町　2017年8月26日

青森市の新町通りで長い間親しまれてきたカメラ屋さんが、店を閉じた。跡地は何になるんだろう、とおもっていたら駐車場になった。駐車場はアスファルトで固められているが、境界に土の部分がある。そこにさまざまな野草が生えてきた。その中のひとつがサワヒヨドリだった。

日本在来種で、日本全国に分布。山野の日当たりの良い湿地に生えている。青森県内では里山の原野や路傍で普通に見られる。ヒヨドリバナに似て、山野の湿ったところに生えているからサワ（沢）が名についた。

山野や里山が本来の生育地なのに、なぜ青森市の中心市街地に？　おそらくは、山野を走った車に付いてきた本種の種子が駐車場で落ち、そこから芽生えたのではないだろうか。

本種は、ヒヨドリバナとよく似ている。両種の見分け方は以下の通り。▽ヒヨドリバナ＝葉は幅広、茎の色は緑～緑褐色、花の色は白が多い、葉柄がある▽サワヒヨドリ＝葉は細長い、茎の色は淡紫色～紫色、花の色は紅紫色、葉柄は無い。ヒヨドリバナとサワヒヨドリとの間に雑種ができやすい、と伝えられており、右記の違いはあくまでも目安。実際は、どちらともいえないものがけっこう多い、という。

ヒヨドリの名の由来は、前ページヒヨドリバナを参照してください。

青森市新町通りの駐車場の際から生えるサワヒヨドリ。本来の生育地は日当たりの良い山野の湿地だ。円写真は花

ヨツバヒヨドリ

キク科　ヒヨドリバナ属
〈撮影地〉青森市浜田　2014年9月27日

大型ショッピングセンター付近の空き地に群落をつくるヨツバヒヨドリ。円写真は花

北八甲田・酸ケ湯温泉裏の湯坂に群落をつくっているヨツバヒヨドリに、旅をするチョウとして知られるアサギマダラが多数飛来している、という情報を得たわたくしは、チョウの写真を撮影しよう、と張り切って出かけた。

ところが、先客がいた。捕虫網を持ったマニアがヨツバヒヨドリの群落の真ん中に陣取り、わたくしが近づこうとすると、激しく威嚇する。チョウマニアってのは怖い人種だなあ、とおもいながらすごすご引き返した。昭和の終わりごろの話だ。その後、八甲田山ろくで、やっとこのチョウを撮影できたが、やはりヨツバヒヨドリの蜜を吸っている姿だった。

そのヨツバヒヨドリが、青森市の住宅地に群落をつくっていた。山地性の植物が、なぜ街に群落をつくっているのだろうか。おそらくは、住宅地を造成したとき、山地から運ばれてきた土の中に、種子が含まれていたのだろう。

名のヨツバは、4枚の葉が輪生（茎の1カ所から3枚以上の葉が出ている状態）していることに由来する。ヨツバヒヨドリは以前、ヒヨドリバナの変種、あるいはヒヨドリバナの亜種、と図鑑に書かれていたときもあったが、現在この2種は別種であると結論づけられている。

（2016年10月11日）

アキノノゲシ

キク科　アキノノゲシ属

〈撮影地〉青森市安方　2015年7月26日

ノゲシという名がつき、青森県内で普通に見られる植物はノゲシ（ハルノノゲシ）、アイノゲシ、オニノゲシ、アキノノゲシの4種ある。

ノゲシ、アイノゲシ、オニノゲシは、草の姿や葉が似ているが、アキノノゲシはこれらとは花が似ているだけで葉は全然似ていない。変だな、とおもって調べてみたら、4種のうちアキノノゲシだけが他とは違い、なんと野菜のレタスと同じ仲間だった。両者、見た目は似ても似つかないため、これには驚いた。

ノゲシは、葉がケシに似て、野に生えることから名づけられた。だから、ノゲシといっても、ケシとは全く違うグループの植物だ。アキノノゲシは他の3種より遅く花を咲かせるので「秋の」がつけられた。

日本在来種だが、中国大陸、朝鮮半島、東南アジアなどに広く分布していることから、稲作とともに日本にわたってきた史前帰化植物とする説もある。

青森県内でも道端に普通に生えているが、他のノゲシ3種よりかなり大きくなるのが特徴。背丈より高くなるものがある。

レタスの仲間だけあって、葉や若芽は食用にされることもある、という。しかし、試す気にはなれない。そういえば、ノゲシ3種と違い、この植物にはアブラムシがびっしり付いている姿がよく見られる。人が好む植物は虫も好む、ということか。

アスファルトの隙間から生えるアキノノゲシ。円写真は花（2016年7月12日）

ユウゼンギク

キク科　シオン属
〈撮影地〉青森市新町　2016年9月15日

秋のはじめ。官公庁が建ち並ぶ通りの、車道と歩道の間から、キク科植物が生えているのを見つけた。L字の縁石の角に、飛ばされてきた土がたまり、その土から芽生えたようだ。

つぼみが色づき、あとちょっとで開花、というときに茎の途中から持ち去られたが、そのあと1輪、美しい花を咲かせた。ユウゼンギクだった。

翌年、今度こそ撮影しよう、とまめに観察を続けた。数輪花を咲かせた段階で、念のため撮影した。それが掲載写真だ。ところが次に足を運んだら、根こそぎ取られた後だった。後頭部をハンマーで打たれたようなショック。

驚きは続く。それから1週間ほど後、近くの飲食店に入ったらカウンターの上に、満開状態のユウゼンギクがどっさり飾られていたのだ。逆上したわたくしは「この花、どこから持ってきたの?」と聞いた。「さあ、どこからかなあ。忘れた」ととぼける店主。以来、この店に行くのをやめた。

花の美しさを友禅染にたとえ、ユウゼンギクと名がつけられた。北アメリカ原産。日本には大正時代に観賞用として入り、その後野生化した。

青森県内では1990年ごろ、つがる市森田町の道端で初めて確認されたが、青森県全体ではまだ非常に少ない植物という。

無数のつぼみを付けるユウゼンギク。満開になったときに撮影しようとおもっていたのだが…。円写真は花（2015年12月22日）

ヒロハホウキギク

キク科　シオン属
〈撮影地〉青森市橋本　2017年9月16日

本種の名を漢字で表記すれば広葉箒菊。葉幅が広い箒菊という意味だ。しかし、草姿はホウキに見えない。これには訳がある。

近縁のホウキギク（箒菊、北アメリカ原産）が日本で最初に見つかったのは1910年代、大阪の淀川河川敷で。茎から分かれる細い枝が、茎の上部で集まり、ホウキのように見えることから名づけられた。

一方、同じ北アメリカ原産のヒロハホウキギクは遅れること半世紀、1960年代に北九州で見つかった。枝が横に広がるのが特徴で、ちっともホウキに見えないが、ホウキギクという和名がすでにあり、それに近縁で葉幅が広いことからヒロハホウキギクの名を与えられた、というわけだ。植物名をつけるときのルールに従ったものだ。花が大きいのもホウキギクとの違いだ。

1980年代から全国の、道端や休耕田など日当たりの良い湿った場所で分布を広げている。青森県内では1990年代から、造成地や休耕田などで見られるようになった。草丈は1～2メートル。綿毛のついた種子が風に乗って飛ぶため、意外な場所に生える。ユニークなところでは、青森市・中央大橋の歩道と壁の隙間。このほか同市新町では、ビルの土台の際。同市橋本では広い駐車場の隙間。本来は湿った場所が好きなようだが、乾いた場所でも元気だ。

駐車場の柵際の、コンクリートの隙間から生えるヒロハホウキギク。枝が横に広がるのが特徴だ。円写真は花

ノコンギク

キク科　シオン属
〈撮影地〉青森市青葉　2016年8月11日

空き地で花を咲かせるノコンギク。この空き地には現在、個人住宅や集合住宅が建ち並んでいる

人は、どの植物を見て秋の気配を感じるのだろうか。人によってさまざまだろうが、おそらくは、ススキの穂を見て秋を感じる人が多いのではないか、と勝手に推察する。

わたくし個人的には、ススキもそうだが、このノコンギクに秋を一番強く感じる。里山にノコンギクが咲き出すと、ああ秋がおとずれたんだ、とおもう。

北海道西南部から九州までの里山に普通な日本在来種。市街地の空き地や草地でも、所々に見られる。漢字で書くと野紺菊。野原に生え、花の色は薄い紺色が多いことから名づけられた。

ノコンギクに似た植物にはヨメナ、ユウガギクなどがあるが、見分けがつきにくいため、総称して野菊と呼ばれることが多い。津軽地方でもこの植物がノギクと呼ばれていた、というのもうなずける。

野菊というと、伊藤左千男の「野菊の墓」が知られている。この場合の野菊は以前、ノコンギクとされていたが、いまはカントウヨメナ（関東嫁菜）の可能性が大、という。

わびさびを感じさせる野菊は昔から茶会で使われてきた。千利休も野菊に着目し1590（天正18）年、豊臣秀吉が開いた茶会で、野菊を一枝使い演出した、という。だが、このとき使った野菊が何だったのかは分かっていない。

（2017年1月24日）

ユウガギク

キク科　ヨメナ属
〈撮影地〉青森市浜田　2014年9月27日

秋のやわらかな日差しが降りそそぐ中、大型ショッピングセンター近くの空き地に、ノコンギクによく似たユウガギクの群落が広がっていた。

広い空き地で花を咲かせるユウガギクの群落。いかにも秋の風情だ。円写真は花

里山の路傍に普通に生えている日本固有種。すなわち、日本にしか分布していない植物。紛らわしいのは、同じ季節、同じ場所にユウガギクとノコンギクが生えていることだ。

両種ほとんど見分けがつかないので、野外観察会での恰好《かっこう》の〝教材〟になる。「両種の決定的違いはどこでしょう?」。答えは冠毛の長さ。冠毛は、果実の上端についている毛。タンポポやアザミが顕著で、風を受けて飛び、種子を拡散させるのに役立つ。この冠毛、ノコンギクは4～6ミリと長いが、ユウガギクはわずか0・25ミリほどしかない。難問なので、正解者は観察現場で、指導者から大変褒められる。

ユウガギクの名は「柚が菊」あるいは「柚香菊」の意味、とほとんどの図鑑に書かれている。これらから、柑橘《かんきつ》類のユズ（柚）の香りがする草、という意味に受け取れる。しかし、葉をもんでにおいをかいでみても、ユズの香りはまったくしない。なぜだ。悪いにおいではないのだが…。

キバナコスモス

キク科　コスモス属

〈撮影地〉青森市桂木　2018年9月9日

だいぶ前になるが、青森市のモヤヒルズに行き、キバナコスモスの群落を見て驚いた。「黄色い花のコスモスもあるんだ」と。恥ずかしながら、それまでコスモスというと白、ピンク、赤しか知らなかった。

モヤヒルズを運営している青森市観光レクリエーション振興財団によると、モヤヒルズオープンの1997年11月以前から、青森市がコスモス畑をつくっていた。彩りに変化をつけるためなどの目的でヒルズがキバナを導入したのは、オープンから2～3年後のことだったという。

それから気を付けて見ていると、青森県内の民家の花壇でもキバナが見られるようになり、近年は、花壇から逸出し野生化したものが、道端で目につくようになってきた。全国でも同様の傾向だ。

キバナはメキシコ原産。新牧野日本植物図鑑では「昭和（1930年代）になってから、ようやく一般化し始めた」と記し、「園芸植物の名の由来」の著者・中村浩さんは、大正10年に知人の農園でキバナを初めて見てびっくりし、昭和になるとかなり普通になった、と記している。

普通に見られるコスモスとキバナは、種類が違う。普通のコスモスの黄花を世界で初めてつくろう、と取り組んだのは玉川大学農学部。30年の歳月をかけて開発、イエローガーデンという名で1987年、品種登録された。キバナコスモスはオレンジ色に近いが、イエローガーデンは薄い黄色だ。

歩道の植樹枡で花を咲かせるキバナコスモス。近年全国的に、野生化したものが道端で見られるようになってきた

ダンドボロギク

キク科　タケダグサ属
〈撮影地〉青森市長島　2016年8月26日

白神山地の北部を横断する弘西林道（現・県道岩崎西目屋弘前線＝白神ライン。建設期間は1962～73年）がつくられたとき、植物研究者たちは驚いた。おびただしい数のダンドボロギクが生えてきたからだ。

英語名でｆｉｒｅｗｅｅｄ（直訳すれば火事草）といわれるように、山火事や伐採跡、林道建設後に突然、大群落を形成するが、数年で姿を消す、という謎めいた性質を持つ。弘西林道での出来事もまさに、これに当たる。

北アメリカ原産。日本では1933年、愛知県段戸山で発見された。漢字で書くと段戸襤褸菊。段戸は、見つかった場所名。襤褸は、種の綿毛の集まりをボロに見立てた。そしてキク科植物だから菊。花は筒状花で、開くことはない。円写真は満開状態の花だ。

戦後、日本各地に広がり、山林の伐採跡や林道、林縁で見られるようになった。青森県内では、1980年代後半までは、山地性植物のイメージが強く、街で姿を見ることはあまりなかった。しかし今では、アスファルトの隙間や空き地など市街地のいたる所で見られる。拙宅の敷地にもたくさん生え、あまり増えないように適宜、刈っている。なぜ近年になって街に降りてきたのだろうか。やっぱり不思議な植物だ。

（2017年8月15日）

電柱の根元の隙間から生えるダンドボロギク。円写真は花と綿毛

ブタクサ

キク科　ブタクサ属
〈撮影地〉青森市青葉　2014年9月13日

子どものころ、ブタクサが花粉アレルギーの原因である、と新聞で知った。日本で初めて花粉症の報告がされたころである。子どもごころに大変怖いおもいをし、早速自宅を中心に調べ歩いたが、周囲にブタクサは無かった。

ほどなく、スギ花粉症が注目されるようになった。現在、日本人の4分の1は花粉症患者で、うち7割はスギ花粉が原因、といわれている。厚生労働省が1992年から94年まで行った花粉症調査によると、花粉症の原因はスギが断トツに多く、大きく引き離され、カモガヤ、ブタクサ、ヨモギと続く。スギに隠れてはいるものの、ブタクサの花粉症で悩んでいる人はまだ多い。

北米原産で、明治時代の初めに日本に入り戦後、各地に広がった。乾いた空き地や道端を好む。青森県内でも戦後に見られるようになった。

ブタクサという名は英名Ｈｏｇｗｅｅｄ（直訳すると豚雑草）に由来するといわれているが、ハナウドという植物も同じ英名であり、なぜブタクサなのか由来ははっきりしていない。

国内では近年、空き地の減少に伴い、ブタクサの勢いが衰えてきたようにおもえる、との報告があるが、写真のように舗装道路の隙間に生えるなど、なかなかしぶといところを見せている。

（2016年9月27日）

歩道と車道を隔てる縁石の隙間から生えているブタクサ。円写真は花部。ここから多量の花粉が放出される

オオブタクサ

別名・クワモドキ　キク科　ブタクサ属
〈撮影地〉青森市本町　２０１８年９月２日

とにかくでかい。想像を超えてでかい。高さ３メートルを超えるものもある。青森市本町の空き地の一角をオオブタクサの小群落が占めているが、その存在感は他の植物を圧倒している。

葉は桑に似ているので、別名クワモドキ。花穂や雄花・雌花の構造はブタクサと同じで、花穂は雄花で構成される。雌花は花穂の下につく。

北アメリカ原産。アメリカやカナダの畑作の重要雑草で、世界の温帯に広く帰化している。日本では１９５２年、静岡県清水港と千葉県で見つかったのが最初。今では全国に分布、空き地や線路沿い、河川敷に群落をつくっている。一説には、アメリカから輸入した大豆に付着してきたオオブタクサの種子が、大豆を原料とする豆腐屋などで廃棄され発芽、増えていった、といわれている。

名は、大きいブタクサという意味。ブタクサは英名Ｈｏｇｗｅｅｄを直訳したものだが、なぜこの英名がついたのかは不明。青森県内ではまだ少ないが、日本の侵略的外来種ワースト１００や、外来生物法の要注意外来生物に指定されている。多量の花粉を飛ばすので、花粉症の主要原因の一つ。

草姿が非常に大きいオオブタクサ。円写真は、右から雄花、雌花、桑の葉に似ている葉

カセンソウ

キク科　オグルマ属
〈撮影地〉青森市筒井　2018年9月2日

日当たりの良い土手に群落をつくるカセンソウ。円写真は花。舌状花がわずかに乱れているところがオグルマとの違い

日本在来種で、全国の日当たりの良い山野の草原や、水辺の草むらなどに生えている。青森市では、郊外の林道沿いで見かける。それも、いつもぬれている道端に群落をつくっていることが多い。この花を見るたび、太陽をおもわせる、はつらつとした雰囲気を感じる。

湿った場所が好きな植物だが、青森市筒井の土手でも群落をつくり、毎年秋になれば、力強い色の花を咲かせる。おそらく、土手を築くときに持ち込んだ土砂に種子や根が混じっていたものとおもわれる。湿っていない土手でも元気に根づいているのは、環境適応力があるからなのだろう。

名の由来について牧野日本植物図鑑（1940年）は「歌仙草の意なり」とだけ記し理由を書いていない。新牧野日本植物図鑑（2008年）では「歌仙草だが、名の由来は不明」と少し軌道修正している。要するに、歌仙草の由来は分かっていない。

よく似た植物にオグルマがある。花を古い時代の牛車の車輪に見立てた御車が名の由来だ。オグルマの舌状花（キク科植物の、花びらのように見える部分）は乱れず整然と並んでいるが、カセンソウのそれは、わずかに乱れていることで見分けられる。

カワラハハコ

キク科　ヤマハハコ属
〈撮影地〉青森市桂木　2018年9月29日

塀と側溝の際に生えるカワラハハコ。草姿全体が白っぽく見えるのが特徴。円写真は花。ドライフラワーのようだ

数年前、自宅の塀と側溝の際に、ヨシ、スギナなどとともにカワラハハコが顔を出した。道路に面しているため、そのままにしておけば美観を損ねるのではないか、と周囲に気を使い、時々、草刈りをしてきた。

しかし、これらは、草刈りにめげず、すぐ生えてくる。そんなことを繰り返してきたが、この年、カワラハハコを刈らずにおけば、どうなるんだろう、とおもい、生えるにまかせた。

夏、ぐんぐん成長した。茎の途中から次々と枝分かれし、こんもりとした草姿になった。そして8月から9月にかけ、次々に花を咲かせた。花びらのように見える白いカサカサした部分は、総苞片《そうほうへん》といい、まるでドライフラワー。中央の黄色い花を包み込んでいる。

撮影しようと近づいたら驚いた。得も言われぬ芳香が漂っているではないか。カワラハハコの花が芳香を放つことを初めて知った。

日本在来種。ヤマハハコに似て、河原の砂地に多く生えていることから、この名がついた。葉が非常に細いこと、枝分かれすることでヤマハハコと見分けられる。河原のほか、市街地のアスファルトの隙間などでも散見される。

（2019年3月12日）

イガオナモミ

キク科　オナモミ属

〈撮影地〉青森市本町　2018年9月21日

海岸近くの空き地に生えるイガオナモミ。ここには数株が生えていた。円写真は花の集まりと果実

キンミズヒキやヌスビトハギなど人の衣服にくっつく果実を俗に〝ひっつき虫〟といっている。その中でもとびっきり大きいのは日本在来種のオナモミだった。魚のハリセンボンみたいな実で、これをごっそり採り、相手の衣服を目がけて投げるのが、子ども時代の遊びだった。

しかし、オナモミはめっきり少なくなり、青森県を含まない33都府県が、レッドリストに選んでいる。メキシコ原産のオオオナモミが1929年、原産地不明のイガオナモミが1950年代に渡来してから、次第に在来種と置き換わっていったとみられる。

青森県では、両外来種が見られるようになった1970年代は在来種の天下だったが、1990年代後半から次第に逆転、いまは在来種が少数派となった。

3種の中で、イガオナモミの実が飛び抜けて大きい。とげにさらに細かい毛が生えており迫力満点。海岸近くの荒地でよく見られる。とげが長く目立つためイガが名についた。オナモミの名は、メナモミに比べ強そうだからオ（雄）がついた。ナモミの由来は諸説あり不明。

アメリカセンダングサ

キク科　センダングサ属

〈撮影地〉青森市安方　２０１５年９月23日

秋の里山のやや湿った道端、水田、市街地の空き地や道端、水路に極めて普通に見られる。秋の市街地でよく目にする野草の一つとおもう。

実が成ったころ、この植物に不用意に近づくと大変なことになる。衣服に無数の種子がくっつき、なかなか取れない。それこそ泣きたくなる。その経験を何度もしているのに、毎年シーズンの初めのころになればすっかり忘れてしまい、つい衣服に多数の種子を付けてしまう。

この植物の種子は、２本の突起を持つユニークな形をしている。突起に細かいとげが逆向きについており、このとげで衣服に付着する。俗に言う〝ひっつき虫〟の一つだ。種子の形が和ばさみに似ているので、津軽地方ではバサマノハサミ（婆鋏）と呼んでいる。言い得て妙なる方言である。

北アメリカ原産で、葉がセンダンという木の葉に似ているので名づけられた。日本には大正時代に渡来、１９２０年ごろ、琵琶湖湖畔に群生しているのが見つかった。旺盛な適応力で勢力を広げ、今では北海道から沖縄県まで全国に分布している。土壌中の種子の寿命が16年にも及ぶ、との報告も。その繁殖力の強さから外来生物法の要注意外来生物に指定されている。

（２０１９年２月19日）

廃屋の前に生えるアメリカセンダングサ。円写真は花と、はさみ状の種子

アオモリアザミ

別名・オオノアザミ　キク科　アザミ属
〈撮影地〉青森市桜川　2014年9月27日

アオモリマンテマ、アオモリミミナグサ、アオモリアザミ、アオモリトドマツ。アオモリという名がつく代表的な植物はこの4種ある。

アオモリアザミは、東北北部と北海道南半部に分布、青森県内の市街地や里山で見られるアザミの多くがこれだ。なぜアオモリという名がつけられたのか。県立郷土館の担当者に調べてもらった。それによると、フランス人のフォリー神父が1899（明治32）年10月に青森県内で採集したアザミの標本を、植物学者・中井猛之進が調べて1912年の東京植物学会の機関誌に新種として記載、発表した。中井は学名をａｏｍｏｒｅｎｓｅと青森由来のものとし、和名もアオモリアザミと名づけた。

青森県民にとって誇らしい名前なのに近年、アオモリアザミではなくオオノアザミ（大きい野アザミ）を使う研究者や図鑑が増えてきた。新牧野日本植物図鑑（2008年）も、「オオノアザミ（アオモリアザミ）」という表記だ。最新の植物分類情報が収録されている「植物分類表」（大場秀章編著、2011年）と「日本維管束植物目録」（米倉浩司著、2012年）も意見が分かれる。大場はオオノアザミを主、米倉はアオモリアザミを主としている。

せっかくのアオモリアザミ。研究者や図鑑はこれからも、この名を使い続けてほしいものだ。

（2015年10月20日）

歩道ブロックの隙間に生えるアオモリアザミ。円写真は花。白い粉は花粉、上に伸びている薄紫色は雌しべ、下の濃い紫色のさやは雄しべ

エゾノキツネアザミ

キク科　アザミ属
〈撮影地〉八戸市内丸　2018年9月12日

空き地で花を咲かせるエゾノキツネアザミ。雌雄別株の植物で、写真は雄株。雄株は雄花しか付けない

八戸市内丸の草地や空き地に、見たことがない白っぽい葉の植物がたくさん生えていた。はて、どんな花を咲かせるのだろう。近くに住む友人夫妻に葉を見てもらい、「花を咲かせたら教えてください」と継続観察をお願いした。

　こうして分かったのがエゾノキツネアザミ（蝦夷狐薊）だった。日本在来種で、北海道から東北地方にかけて分布、草地や空き地に見られる。青森県では全県的に、里山の道端などで見られるが、多くはない、という。雌雄別株で、雄株には雄花だけ、雌株には雌花だけしか付けない。総苞（そうほう。アザミの場合、花の基部の丸い部分のこと）の長さが雄花の場合約13ミリ、雌花の場合は16～20ミリで、雌花の総苞の方が大きい。

　面白いのは、その名前だ。キツネアザミに似て北方に分布しているので、エゾノキツネアザミと名づけられた。キツネアザミは、アザミに似るがアザミではないことから、キツネにつままれたような気持ち、ということで名づけられた。分類では、キツネアザミ属の植物。

　一方、エゾノキツネアザミはアザミ属の植物だ。アザミの仲間ではないキツネアザミに似ているのでエゾノキツネアザミと名づけられたが、実はエゾノキツネアザミはアザミの仲間である、ということになる。う～ん、ややこしい。

ヨモギ

キク科　ヨモギ属
〈撮影地〉青森市青柳　2018年10月6日

歩道の街路樹の植樹枡に群落をつくっているヨモギ。市街地のいたるところで見られる。円写真は花

所用があり東北大学理学部の加藤陸奥雄教授（のちの東北大学長、大学入試センター初代所長）のお宅をたずねたことがある。家を建てたときから手を加えていないという庭を見て感動した。さまざまな遷移を経て、小さな森のようになっていたのだ。

1993年に家を建てたとき、これを真似した。敷地の草刈りせず生えるに任せていたらヨモギとスギナだけが鬱蒼《うっそう》と茂り愕然《がくぜん》。あとで知ったことだが、ヨモギやスギナは酸性土壌の指標植物。わが家の敷地は、強い酸性土壌だったのだ。

ヨモギは全国の道端や空き地などに極めて普通。日本在来種といわれているが、稲作に伴い渡来した史前帰化植物との説もある。

草餅の材料になり、乾燥させ葉裏の毛を集めたものが灸《きゅう》に使う艾《もぐさ》など、食用や薬用としてなじみ深い野草だ。青森県の子どもたちは野遊びで肌に傷をつけたとき、ヨモギの葉をもんで傷口に当て、止血剤として使った、という。

人々の暮らしに密接に関係している植物だが、万葉集でヨモギを詠み込んだ歌は1首だけとは意外。その訳はヨモギの利用は比較的新しい中世～近世になってからのこと。ヨモギの名の由来は不明。

（2019年3月19日）

セイタカアワダチソウ

キク科　アキノキリンソウ属
〈撮影地〉弘前市平岡町　２０１５年10月20日

とにかくでかい。大きいものは３メートル近くもある。他の野草の花期が終わるころから咲き始め、雪が降るまで花を咲かせる。岩木川の河川敷などに大群落をつくっているさまは、気味悪いとおもわせるほどの迫力がある。漢字で書くと背高泡立草。背丈の高いアワダチソウという意味だ。

北アメリカ原産。明治30（１８９７）年ごろ、観賞用に導入されたが、野生化。戦後、北九州から全国に急速に分布が拡大した。養蜂業者が蜜源として、全国に広めたことも分布を広げた一因となった。青森県内では戦後、鉄道沿線や河川敷などで見られるようになり、１９９０年代から急増している。

この植物は、根の先から他の植物を枯らす成分を出し勢力を拡大する戦略をとる。だから、急激に分布を広げられたわけで、日本生態学会は「日本の侵略的外来種ワースト１００」に選んでいる。

嫌われものの一方で、シンガーソングライターとして知られる八神純子は１９７８年に発表したアルバムの中に「せいたかあわだち草」というタイトルの曲を収録している。歌詞を読むと、この植物をかなり肯定的・前向きに表現している。

セイタカアワダチソウは毀誉褒貶《きよほうへん》が激しい植物である。

（２０１５年12月1日）

歩道の脇に生えるセイタカアワダチソウ。まさしく背が高い植物だ。円写真は花

フウセンカズラ

ムクロジ科　フウセンカズラ属

〈撮影地〉青森市古川　2016年11月2日

広い空き地の片隅で、風船状のユニークな果実をつけるフウセンカズラ。円写真は花の果実

「あおもり　まち野草」の連載中、読者から連絡が入った。「フウセンカズラが生えていますよ」。急いで、指定の場所に足を運んだ。広い空き地への侵入を防ぐ柵。その太い針金に、フウセンカズラが巻きつき、つるを伸ばしていた。直径3㌢ほどの果実を数個つけながら。

この果実は中空の部屋が3つに別れており、中に種子が3個ほど入っている。英語でBalloon Vine（風船状つる植物）といっていたので、直訳しフウセンカズラと名づけられた。カズラ（葛）はつる植物全般のこと。

明治時代初期に観賞用として日本に入ってきたが、野生化して、全国の道端や空き地に生えている。観賞用といっても、花ではなく、ホオズキにも似た非現実的な果実を楽しむためだ。わたくしはこの実を見て、子どものころ遊んだカラフルな紙風船（明治時代中期から販売）をおもいだした。

図鑑を何種類か見てみたが、この植物の原産地が図鑑によって違っていた。北米、中米、熱帯アメリカ、インド～アフリカにかけて…。この植物のふるさとはどこなのだろう。

（2018年10月9日）

イヌサフラン

イヌサフラン科　イヌサフラン属
〈撮影地〉青森市筒井　2017年10月9日

非常に美しい花である。秋になると、青森市桜川の植樹枡《ます》に見事な群落が出現する。おそらく観賞用に植えたものだろう。ところが、空き地や土手の真ん中に、ぽつんと1株、花を咲かせている光景が青森県内で散見される。人が植えたわけでもないのに、なぜそこに生えているのだろう。

「日本国内でイヌサフランの種子を確認したことがない。だからイヌサフランは球根で増える。ぽつんと生えているのは土と一緒に球根が運ばれた結果だろう」。昭和大学薬学部（東京都）はこのように推論している。

ヨーロッパ～北アフリカ原産。観賞用として明治時代、日本に渡来したとの説がある。さまざまな品種改良が行われており、属名（学名）のコルチカムという名の方が知られている。和名は、花がサフランに似ていることから、似て非なるものの意味を持つイヌをつけた。

花を咲かせているとき、葉は無い。葉は春に出てきて、夏には枯れる。この植物はアルカロイドの一種コルヒチンという猛毒を持っており、ギョウジャニンニクと間違えて葉を食べ、死亡する例が多いのには驚かされる。

毒は薬にもなり、コルヒチンは痛風の薬として知られる。また、コルヒチンは染色体異常を引き起こす作用があり、これを利用しての種無しスイカづくりや、さまざまな農産物の育種に使われている。

（2019年2月26日）

土手で色鮮やかな花を咲かせるイヌサフラン。なぜ、ここに生えているんだろう。なぞが多い

あとがき

小学2年のときから長年、自然とふれあってきた。最初、昆虫が好きになり、興味の対象は山、そして植物へと広がっていった。わたくしの周囲は、昆虫ならチョウや珍しい虫、きれいな虫、人気のある虫、山なら有名どころの山に強い関心を示したが、わたくしはへそ曲がりのせいか、昆虫ならマイナーな虫、山なら青森県の山（「あおもり110山」。自著、1999年、東奥日報社から刊行）に惹かれていった。

植物でも同じような思考回路をたどった。シルバー世代を中心に高山植物や山野草に人気が集まっているが、わたくしは、気がついたら、身近な足元の植物に強い関心を示すようになっていた。関心を向けた最大の要因は、わたくしが、身近な植物の名を知らないことだった。興味はあるのだが名が分からないので困っている…自分と同じ気持ちでいる人が多いはずだ、ならば新聞紙面で紹介することに意義があるのではないか。

植物の名を知ることが最大のハードルだった。幸い、津軽植物の会の木村啓会長が、植物名の判定に協力してくれたのは、百万の味方を得たおもいで、心強かった。ありがたかった。わたくしが植物を撮影後、採集し、押し葉標本にしたものに花の写真を添えて木村会長に郵送。名を調べてもらった。こうして、2014年の春から取材を始め、2015年の4月から東奥日報の火曜日付夕刊に「あおもり　まち野草」の連載をスタートさせた。市街地の植物をひと言で表現する言葉が無かったので「まち野草」という新造語を考え出した。

いったい、市街地に何種類の植物が自生しているのか。見当もつかないまま連載を始めた。結局、名が分かった植物は310種類を超えた。新聞連載をいつまでもだらだら続けてはいけないので、2019年3月26日付の200回で終了。掲載できなかった109種類を書き下ろし、今回、309種類を収録して刊行することになった。「雑草はなぜそこに生えているのか」（稲垣栄洋著）によると、「雑草として扱われているものは約500種類」とのことなので、青森県内の市街地でふだん目にする植物のほとんどが、本著に収録されている、と言っていいとおもう。

取材を進めていくうち、まち野草、山野草、園芸植物の線引きが不可能なことが分かってきた。無理に線引きをすると、植物生態をゆがめることになる、とのおもいにいたり、明らかに植栽されたものを除く、市街地に自生している植物すべてを取り上げることにした。

雑草図鑑のような本は何種類か出版されているが、市街地の植物に限定し、そこに生えている理由や、名の由来、人々とのかかわりなどを書き込んだ本はあまりない、と自負している。

また、写真は、「まち野草」だから、植物がどんな場所に生えているのか、できるだけ分かってもらえるように心掛けて撮影した。基本的には、背景にも焦点が合うような写真を撮影、背景が極めてうるさいときだけ背景をぼかした。それでも「背景がうるさい」と批判を受けたこともあった。撮影意図をお汲み取りいただければ、とおもう。

地味なイネ科植物の花を含め、花のアップ写真を可能な限り掲載した。1枚の写真を撮るのに5年かかったこともあった。植物と背景を写し込んだ写真を撮るため、腹ばいになっての撮影はしょっちゅうだった。このため道行く人たちから、行き倒れと間違えられ「大丈夫ですか?」と声を掛けられたこと数知れず。また、不審者とみなされ、青森県警から職務質問を受けたこともあった。苦労を苦労と感じることなく取材ができたのは、多くの読者からの励ましのお便りや、撮影中、見知らぬ道行く人たちからの「連載、読んでいますよ。楽しみにしています」「『まち野草』の撮影でしょ? がんばってください」という励ましがあったからこそ、とおもっている。本当にありがとうございます。

また、津軽植物の会の木村啓会長には植物名の判定や、その植物にまつわるさまざまな話を教えていただいた。感謝してもしきれないほどお世話になった。わたくしが学生時代から薫陶を受けてきた大場秀章東大名誉教授、豊田雅彦青森県立郷土館主任研究主査（当時。現・五所川原南小教諭）、斎藤嘉次雄青森県樹木医会事務局長専務理事、川添和義昭和大学薬学部教授をはじめ、多くの方のお世話になった。この場をお借りし、お礼を申し上げます。本当にありがとうございます。

村上　義千代

2019年6月

引用・参考文献

植物分類表（２０１１年、大場秀章編著、アボック社）
日本維管束植物目録（２０１２年、米倉浩司、北隆館）
牧野日本植物図鑑（１９４０年、牧野富太郎、北隆館）
新牧野日本植物図鑑（２００８年、牧野富太郎原著、北隆館）
世界有用植物事典（１９８９年、平凡社）
日本イネ科植物図譜（１９８９年、長田武正、平凡社）
イネ科ハンドブック（２０１２年、木場英久ら、文一総合出版）
カヤツリグサ科ハンドブック（２０１４年、勝山輝男・北川淑子、文一総合出版）
日本の帰化植物（２００３年、清水建美、平凡社）
日本帰化植物写真図鑑　上下（２００１年、全国農村教育協会）
植調　雑草大鑑（２０１５年、浅井元朗、全国農村教育協会）
日本の野草（１９８３年、林弥栄編著、山と渓谷社）
フィールド図鑑　人里の植物（１９８５年、奥田重俊・武田良平、東海大学出版会）
フィールド図鑑　草原の植物（１９８５年、奥田重俊・武田良平、東海大学出版会）
フィールド図鑑　低地の森林植物（１９８５年、奥田重俊・武田良平、東海大学出版会）
フィールド図鑑　山地の森林植物（１９８５年、奥田重俊・武田良平、東海大学出版会）
街でよく見かける雑草や野草がよーくわかる本（２０１４年、岩槻秀明、秀和システム）
街でよく見かける雑草や野草のくらしがわかる本（２００９年、岩槻秀明、秀和システム）
里山の草と木　改訂版（２００５年、青森・草と木の会図鑑発行実行委員会）
岩手のスミレ（１９９３年、片山千賀志・伊藤正逸、岩手日報社）
散歩で見かける草花・雑草図鑑（２０１１年、鈴木庸夫・高橋冬、創英社／三省堂）
散歩の花図鑑５０７（２０１３年、岩槻秀明、新星出版社）
野草の名前　春・夏・秋冬（２００３年、高橋勝雄、山と渓谷社）
植物和名の語源（１９９９年、深津正、八坂書房）
植物和名の語源探究（２０００年、深津正、八坂書房）
植物名の由来（１９９８年、中村浩、東京書籍）
園芸植物名の由来（１９９８年、中村浩、東京書籍）
スキマの植物図鑑（２０１４年、塚谷裕一、中央公論新社）
万葉集の植物たち（２００８年、川原勝征、南方新社）
野生植物食用図鑑（２００６年、橋本郁三、南方新社）
花おりおり　一、その二（２００２、２００３年、湯浅浩史、朝日新聞社）
クレオパトラも愛した　ハーブの物語（１９８８年、永岡浩、ＰＨＰ研究所）
はじめての植物学（２０１３年、大場秀章、筑摩書房）
道端植物園（２００２年、大場秀章、平凡社）
雑草は軽やかに進化する（２０１７年、藤島弘純、築地書館）
雑草はなぜそこに生えているのか（２０１８年、稲垣栄洋、筑摩書房）
漢方、生薬の謎を探る（１９９８年、難波恒雄、日本放送出版協会）
おいしい穀物の科学（２０１４年、井上直人、講談社）
雑草と楽しむ庭づくり（２０１１年、曳地トシ・曳地義治、築地書館）
青森県外来種対策学術調査報告書　青森県外来種リスト（２００６年、青森県）
三内丸山遺跡年報（２０１３年度、青森県教育委員会）
アイヌ民族博物館だより（２０００年７月）
縄文時代のダイズの栽培化と種子の形態化（２０１５年、中山誠二、植物史研究）
長野県のコムギ作におけるヒメアマ、ナズナ、クジラグサ、グンバイナズナの出芽消長と防除技術（２０１６年、青木政晴・浅井元朗、雑草研究）
スムーズブロムグラス新品種「フーレップ」の育成（２００５年、玉置宏之ら、北海道立農試集報）
メドウフォックステイルの防除技術（２０１５年、佐藤尚親ら、北農）
青森県の事件55話（１９８３年、二葉宏夫、北方新社）
西津軽郡史（１９５４年、佐藤公知編、西津軽郡史編集委員会）
木造町史近世編下巻（１９８７年、工藤睦男編、木造町）
侵入生物データベース（国立研究開発法人国立環境研究所）
北海道の外来種データベース＝北海道ブルーリスト２０１０（北海道環境生活部）

【撮影機材】PENTAX K-S2、PENTAX K-50、SIGMA 17-70mm f2.8-4.5 DC MACRO、smc PENTAX-DA 35mm f2.8 Macro/Canon PowerShot SX1 IS/Nikon COOLPIX S6900/iPhone 6s plus

植物名索引

（太字は文・写真のページを示す）

【著者略歴】

村上義千代（むらかみ・よしちよ）

1949年生まれ。本籍地・青森県弘前市。1973年、東北大学理学部卒業、同年東奥日報社入社。メディア局長、編集主幹、編集局長、総務局長、常任監査役などを歴任。著書に「青森県の土づくりを考える」（東奥日報社刊、1987年の農政ジャーナリスト賞受賞）、「青森県の蝶たち」（東奥日報社刊、共著）、「あおもり110山」（東奥日報社刊）など。2007年度新聞協会賞（経営・業務部門）「動く新聞　聞こえる新聞」を企画立案、スタートまで準備し軌道に乗せる。名誉唎酒師・唎酒師。

あおもり　まち野草

2019（令和元）年6月7日発行

著　　者　村上義千代
発行者　塩越隆雄
発行所　東奥日報社
〒030−0180 青森市第二問屋町3丁目1−89
【出版部】〒030−0801 青森市新町2丁目2−11 東奥日報新町ビル2F
電話 017−718−1145
定　　価　2500円＋税
印刷・製本　東奥印刷株式会社
〒030−0113 青森市第二問屋町3丁目1−77

ISBN 978-4-88561-255-8 C2045 ￥2500E